SOLIDWORKS アドバンストテクニック55

小原 照記 監修
八戸 俊貴
藤原 康宣 共著

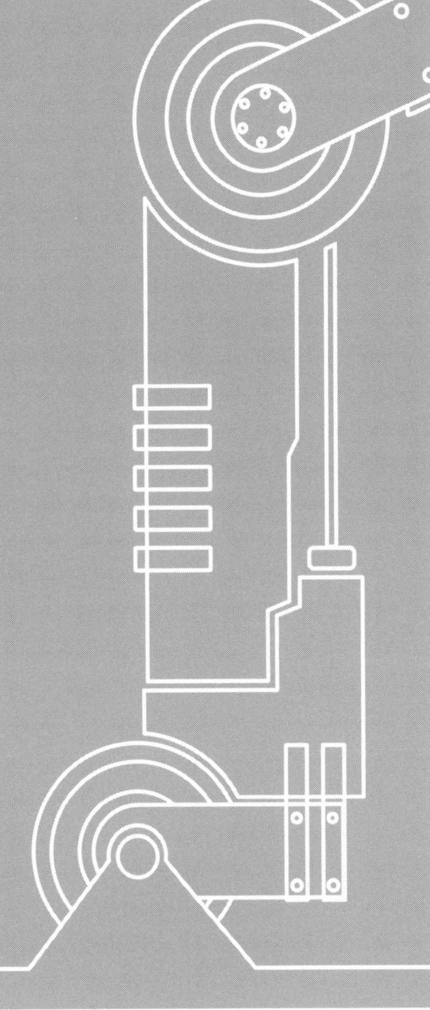

森北出版

はじめに

現在，3 次元 CAD である SOLIDWORKS はものづくりの現場において広く活用されており，もはや欠かせないといっても過言ではありません．

このように広く利用されているソフトウェアですが，機能が多い一方で操作が煩雑であり，ある一定レベルまでの習得には時間がかかります．SOLIDWORKS の基本操作は身につけたものの，実務での効率的な活用ができなくて困っている人も多いでしょう．

本書は，入門書や教育機関での講義ではほとんど触れられることのない，スケッチ，フィーチャー，アセンブリを素早く，効率的に行うためのテクニックをまとめています．ほかにも，形状の正しいコピー方法や，素早くコマンドにアクセスするためのショートカットキーなども紹介していますので，これまでよりもスピーディに 3 次元形状を作成できるようになります．今後の業務において，より SOLIDWORKS を活用した効率的な設計業務が行えるようになるでしょう．

SOLIDWORKS の習熟のためには，まずは書籍を読みながらソフトウェアを操作し，そのとおりになるかどうかを確認しながら進めることが重要になってきます．ぜひ本書を活用し，レベルアップを図ってください．

なお，本書で紹介するテクニックは SOLIDWORKS の初級段階の資格試験である CSWA（Certified SolidWorks Associate）の受験，合格を意識したものになっています．初級段階とはいえ，合格のために必要な事項は非常に多岐にわたり，きちんとした知識が必要とされます．一通りテクニックが身についたら，自身の実力を確かめるために CSWA に挑戦してみるのもよいでしょう．

本書は，一関工業高等専門学校の学生を対象に行っている CSWA 対策講座の内容に基づいています．この講座により，毎年多くの学生が CSWA に合格し，ものづくりの現場へと巣立っていっています．本書を活用して，より多くの方が SOLIDWORKS を利用したより効率的な業務や創作活動を行っていただければと願っています．

なお，本書の Chapter 0 および「演習問題にチャレンジ！」に掲載している問題を実際に SOLIDWORKS で作成したファイル，追加の演習問題を下記 URL からダウンロードできます．ぜひご自身でもやってみましょう．

https://www.morikita.co.jp/books/mid/065121

また，本書では中級・上級テクニックを主にまとめていますが，操作に不安のある読者のために，初級者向けの内容をまとめたファイルも用意しています．こちらも上記 URL からダウンロードできますので，必要に応じて参考にしてください．

目　次

中級テクニック

上級テクニック

重要なコツ

Chapter

0 本書の読み方

本書はある程度SOLIDWORKSを利用したことがある経験者を対象として，より効率的な作業をするためのテクニックやコツをまとめています．大きく3部構成とし,「中級テクニック」「上級テクニック」「重要なコツ」として分類しています．

中級テクニック

スケッチ，フィーチャー，アセンブリそれぞれについて，一通りの基本操作を習熟した後に一歩上を目指すために必要になるであろうテクニックをまとめています．以下の用語を聞いたことがなければ，ぜひ該当箇所を読んでください．もしそれらすべてを理解しているのであれば，上級テクニックから読んでもよいでしょう．

・スケッチ：エンティティ変換，エンティティオフセット，作図線への変更，対称寸法，幾何拘束利用時の基本事項など

・フィーチャー：薄板フィーチャー，直線パターン，円形パターン，ミラー，参照ジオメトリ，シェルなど

・アセンブリ：合致の条件指定，合致の注意点，干渉認識，構成部品の表示・非表示，Pack and Goなど

上級テクニック

中級と同様，スケッチ，フィーチャーそれぞれについて，CSWAのような資格試験合格までを見据えた際に必要になるであろう，より高度なテクニックをまとめています．

・スケッチ：幾何拘束の積極的な利用，拘束における対称設定，直線–曲線を含む一筆書き，トリム利用時の注意，点の活用，スケッチ平面編集など

・フィーチャー：押し出しにおける中間平面の利用，押し出しカットにおける設定の使い分け，抜き勾配，オフセット，フルラウンドフィレットなど

重要なコツ

作業効率化のためのコツ，モデリングののコツ，アセンブリのコツを扱っています．操作に関する内容が多いですが，全体作業をより速く，かつ正確に行うためにはどのようにすべきか，どのような点に注意すべきか，というものを紹介しています．

上記の用語を確認したうえで，自身の習得度合いや扱う内容に応じて，興味のある箇所を選択して読むこともできるよう，各テクニックは独立して読めるように執筆しています．なお，一連の作業における各テクニックの位置づけや，テクニックどうしの関係を下表にまとめていますので，ぜひ参考にしてください．

また具体例として，スケッチ，フィーチャーの中級問題と上級問題，アセンブリに関する問題を以下に５題示します．どのような手順で，どのようなテクニックを利用すれば手早く作業ができるのか，というイメージをつかんでください．また，自身が思っていたのとは異なる手順や，よくわからない手順があれば，ぜひ関連するテクニックを参照しましょう．

テーマ	中級	上級	コツ	テクニック
1. モデリングの前に				
単位系はOK ?			○	39　用途に合わせて単位系を変更する
作業手順を確認しよう			○	38　寸法に変数を利用する：グローバル変数，関係式
			○	43　モデリング前に考えをめぐらせる
			○	45　座標原点の位置に注意する
その他			○	42　キーボードショートカットを使いこなす
2. スケッチ				
一筆書きで素早くスケッチ		○		28　一筆書きでスケッチする
		○		30　水平，鉛直な直線を引く
幾何拘束を使いこなそう	○			1　「幾何拘束」に注意する
		○		26　幾何拘束を積極的に利用する
		○		27　中心線を用いて対称設定する
寸法を“スマートに”つけよう	○			3　寸法の記入で「半径」と「直径」を使い分ける
	○			4　原点／スケッチと円との距離を使い分ける
	○			6　「対称寸法」を活用する
円や点を利用したスケッチ	○			2　円を作図線として利用する
	○			5　「中点」を設定する
		○		31　交点をスケッチに利用する
便利なスケッチエンティティ	○			7　キー溝には「スロット」を利用する
繰り返しの手間を減らそう	○			8　類似の形状を作成する：エンティティ変換
	○			9　一回り大きい／小さい形状を作成する：エンティティオフセット
修正が必要なときは…	○			10　素早く修正する：スケッチ編集
その他		○		29　「トリム」時の注意点を理解する
		○		32　スケッチ面を修正する：スケッチ平面編集
			○	44　モデリングを効率的に行う
			○	45　座標原点の位置に注意する
			○	46　ソフトウェア特有の注意点を理解する

テーマ	中級	上級	コツ	テクニック
3. フィーチャー				
「押し出し」「カット」を使いこなそう	○			11 厚みをもたせつつ押し出す：薄板フィーチャー
		○		33 「中間平面」で押し出し，ミラーを利用する
		○		34 「押し出しカット」を使い分ける
繰り返しの手間を減らそう	○			12 規則的な部分は「パターン」で作成する
	○			13 対称な形状はコピーして作成する：ミラー
	○			14 パターンやミラー，抜き勾配において形状を忠実にコピーする
便利なフィーチャー	○			16 厚みのある箱を作成する：シェル
		○		35 「抜き勾配」を活用する
		○		36 厚みを一定に保つ：オフセット
		○		37 フィーチャーで丸い形状を作成する：フルラウンドフィレット
修正が必要なときは…	○			17 素早く修正する：フィーチャー編集
その他	○			15 任意の位置に面を作成してスケッチに利用する：参照ジオメトリ
			○	44 モデリングを効率的に行う
			○	45 座標原点の位置に注意する
			○	46 ソフトウェア特有の注意点を理解する
4. アセンブリの前に				
読み込む順序を確認しよう			○	47 アセンブリの要点を把握する
5. アセンブリ				
原点はどこ？			○	48 部品の原点とアセンブリ原点を一致させる
			○	49 アセンブリ原点を新規作成する
			○	50 アセンブリ原点の位置の違いを理解する
「合致」を使いこなそう	○			18 「合致」の種類を知る
	○			19 合致の状態を細かく指定する
	○			20 合致の注意点を理解する
			○	54 合致を使いこなす：距離合致，角度合致
部品どうしがぶつかっている？	○			21 部品の重なりを確認する：干渉認識
ごちゃごちゃして見にくい！	○			23 隠れた部分を表示させる
			○	52 断面を表示する
修正が必要なときは…	○			24 アセンブリを素早く修正する
その他	○			22 アセンブリの履歴を確認する
	○			25 アセンブリファイル一式をまとめて出力する：Pack and Go
			○	53 読み込みずみの部品をコピーする
6. 完成したら				
材料特性を求めよう			○	40 モデルの材料を指定する
			○	41 モデルの質量や各部の長さを求める：評価
			○	51 軸を一時的に表示させる
			○	55 補助線を追加して測定に利用する

Example 1：スケッチの中級問題

下図の2次元図面から3次元形状を作成します．

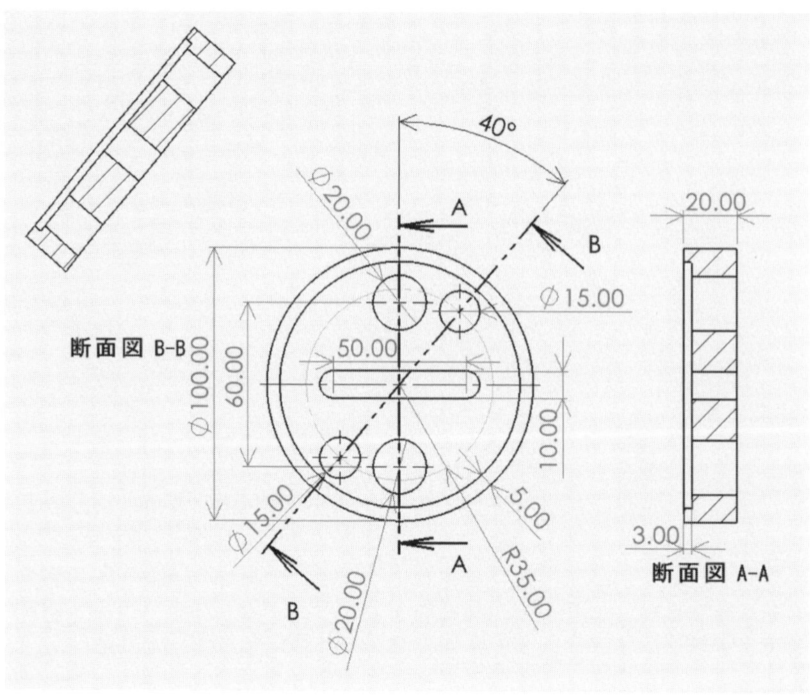

POINT 対称となっている形状が複数あるので，それらはミラーを利用してコピーします．そのためには，ベースフィーチャーを作成する際に，座標原点をどこにとるのかを考えておきましょう．

手順

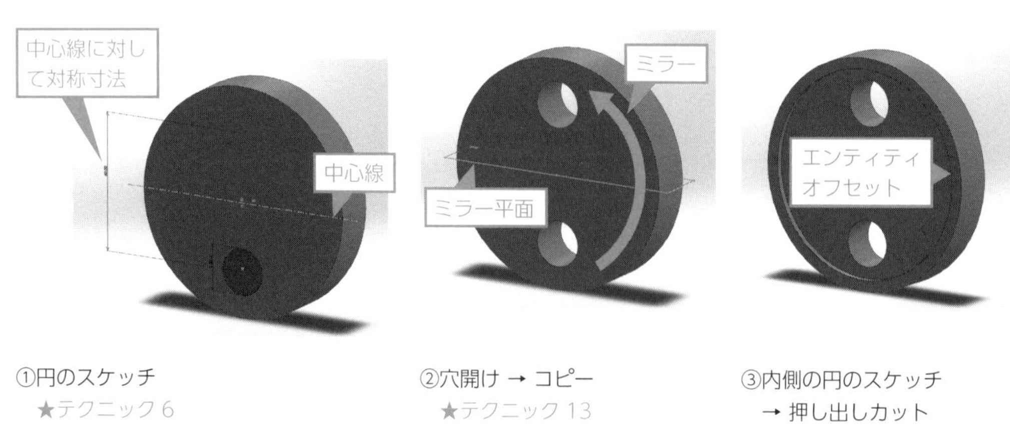

①円のスケッチ
★テクニック6

②穴開け → コピー
★テクニック13

③内側の円のスケッチ
→ 押し出しカット
★テクニック8，9

④溝の作成
→ 押し出しカット
★テクニック 7

⑤円のスケッチ
★テクニック 2, 3

⑥直線をスケッチ

⑦ミラー平面のスケッチ
★テクニック 15

⑧穴のコピー → 完成

テクニック 6	「対称寸法」を活用する
テクニック 13	対称な形状はコピーして作成する：ミラー
テクニック 8	類似の形状を作成する：エンティティ変換
テクニック 9	一回り大きい／小さい形状を作成する：エンティティオフセット
テクニック 7	キー溝には「スロット」を利用する
テクニック 2	円を作図線として利用する
テクニック 3	寸法の記入で「半径」と「直径」を使い分ける
テクニック 15	任意の位置に面を作成してスケッチに利用する：参照ジオメトリ

Example 2：フィーチャーの中級問題

下図の 2 次元図面から 3 次元形状を作成します.

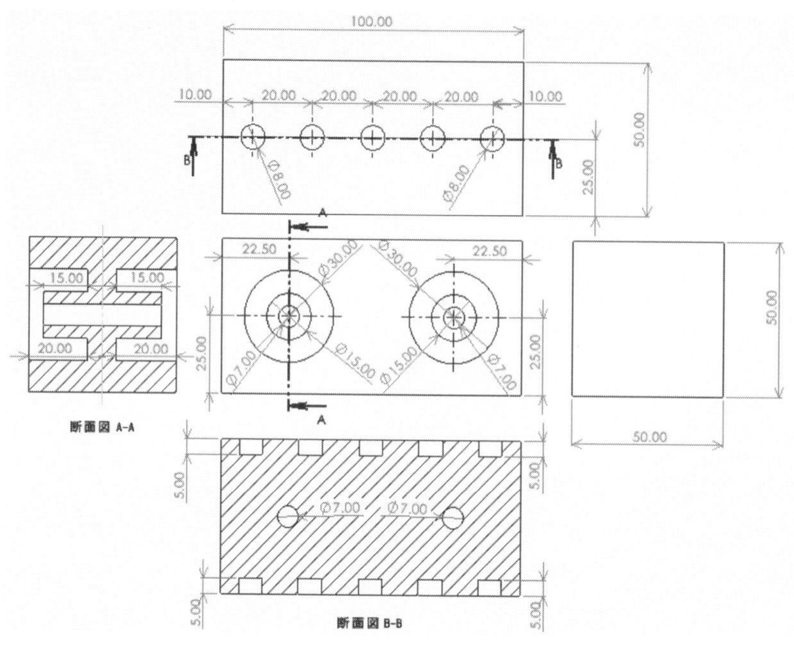

POINT 上下左右前後それぞれに対称となっている部分があるので，それらはミラーを利用してコピーします．三つの面（正面，平面，右側面）をミラー平面として利用することを考慮して，ベースフィーチャーである四角をモデリングする際には，座標原点はモデル内部の重心位置になるようにしましょう.

手順

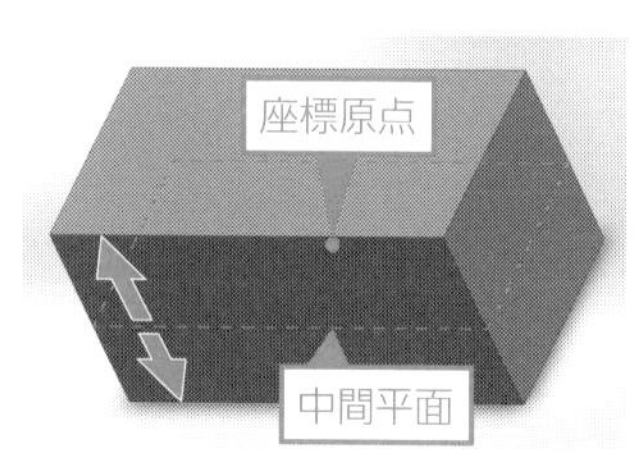

①スケッチ → 押し出し
★テクニック 33, 45

②穴の作成
★テクニック 43

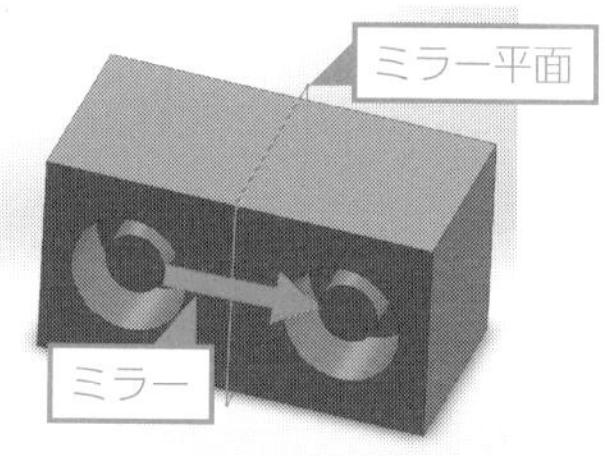

③コピー
★テクニック 13, 45

④反対側にコピー

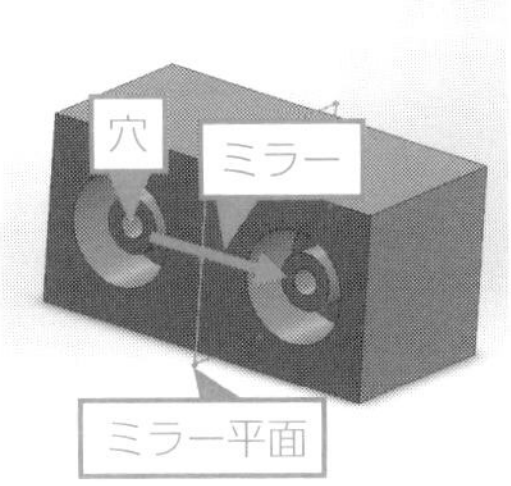

⑤穴の作成 → コピー

⑥穴の作成 → コピー
★テクニック 12

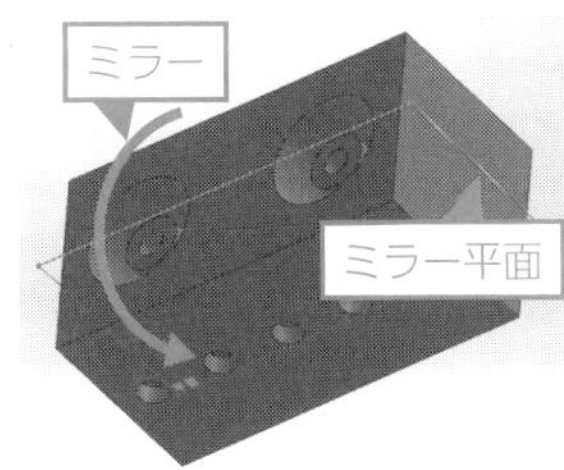

⑦コピー → 完成

断面図 A–A
★テクニック 52

断面図 B–B

テクニック 33　「中間平面」で押し出し，ミラーを利用する
テクニック 45　座標原点の位置に注意する
テクニック 43　モデリング前に考えをめぐらせる
テクニック 13　対称な形状はコピーして作成する：ミラー
テクニック 12　規則的な部分は「パターン」で作成する
テクニック 52　断面を表示する

Example 3：スケッチの上級問題

下図の 2 次元図面から 3 次元形状を作成します．

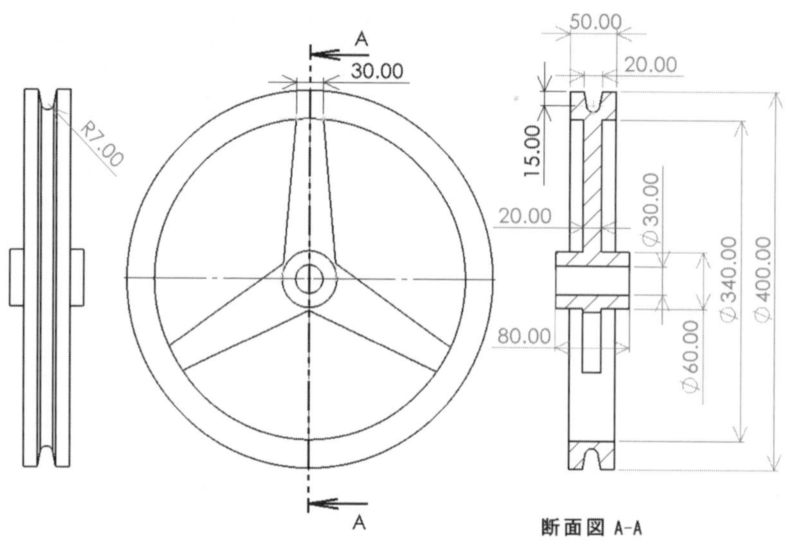

POINT 単純な円形なので，円の中心を座標原点とします．3 本の支柱は，円形パターンを利用してコピーしましょう．そのためには，中心のボスの部分あるいは外周の部分を先にモデリングしておく必要があります（方向の指定のため）．

手順

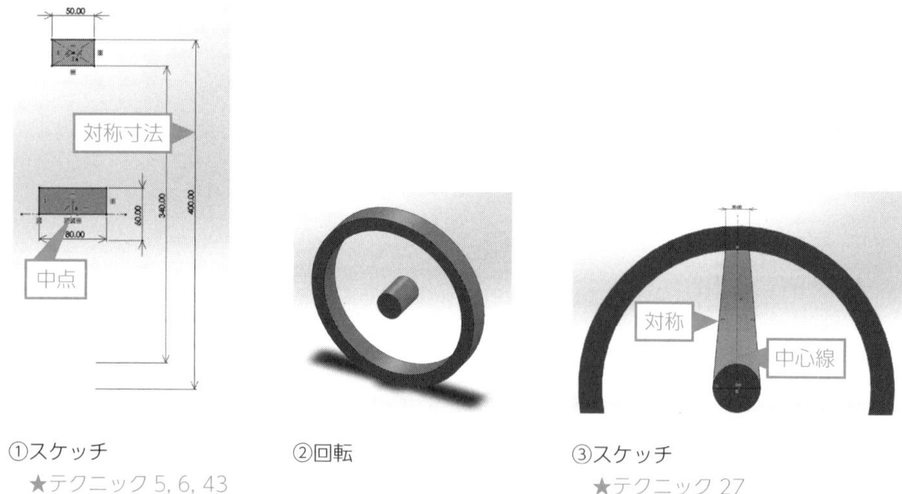

①スケッチ
★テクニック 5, 6, 43

②回転

③スケッチ
★テクニック 27

円形パターン

④コピー
★テクニック 12

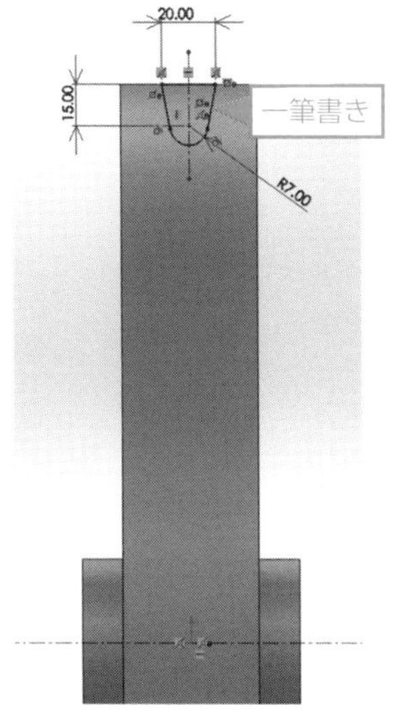

⑤スケッチ
★テクニック 27, 28

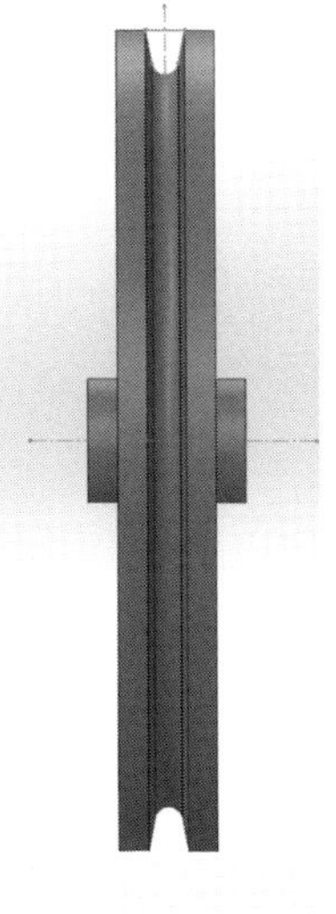

⑥回転カット

⑦完成

テクニック 5　「中点」を設定する
テクニック 6　「対称寸法」を活用する
テクニック 43　モデリング前に考えをめぐらせる
テクニック 27　中心線を用いて対称設定する
テクニック 12　規則的な部分は「パターン」で作成する
テクニック 28　一筆書きでスケッチする

Example 4：フィーチャーの上級問題

下図の 2 次元図面から 3 次元形状を作成します.

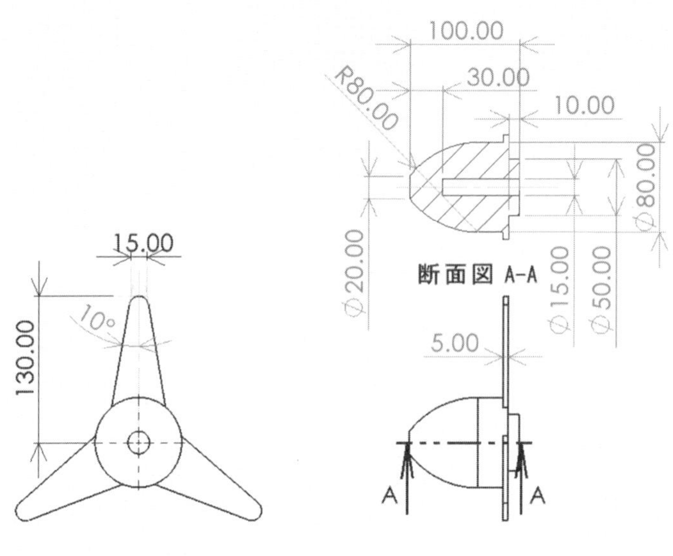

POINT 先端部の砲弾形状になっている部分の中心を座標原点とします. 3 枚の羽は, 円形パターンを利用してコピーしましょう. そのためには, 先端部を先にモデリングしておく必要があります（方向の指定のため）.

手順

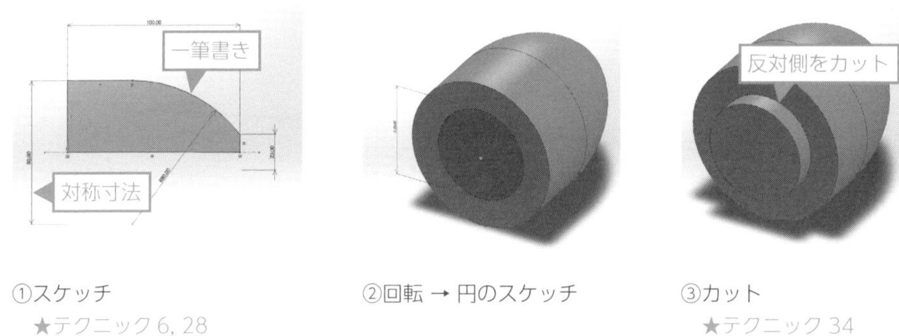

①スケッチ
★テクニック 6, 28

②回転 → 円のスケッチ

③カット
★テクニック 34

④円のスケッチ → カット
★テクニック 36

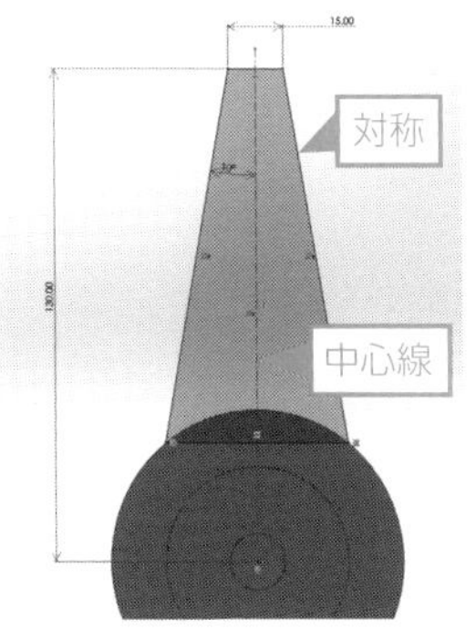

⑤スケッチ
★テクニック 27

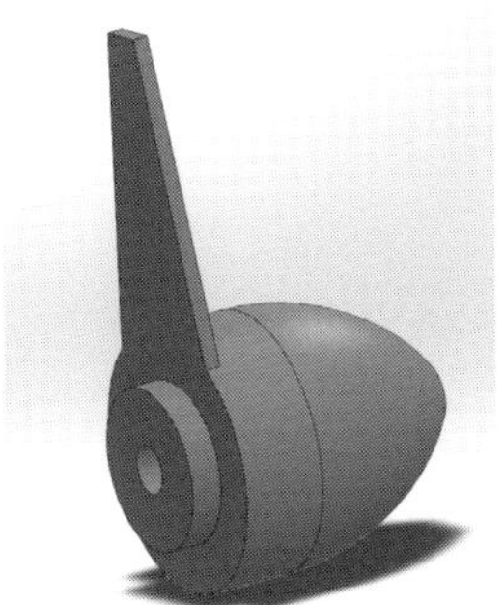

⑥押し出し

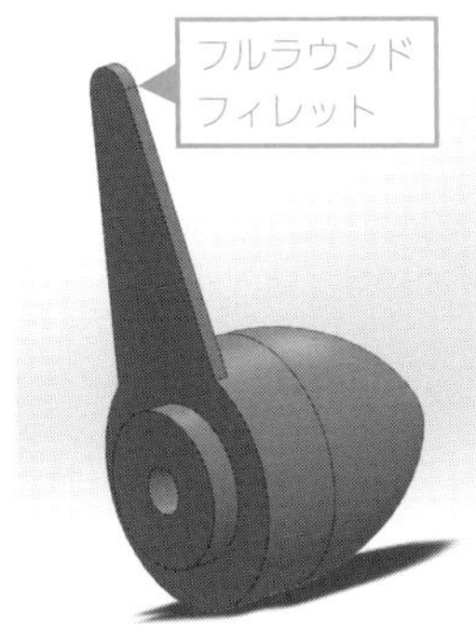

⑦フィレット
★テクニック 37

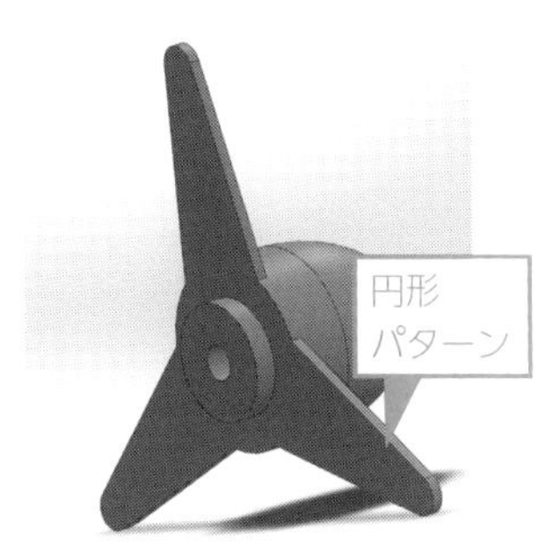

⑧コピー → 完成
★テクニック 12, 46

テクニック 6　「対称寸法」を活用する
テクニック 28　一筆書きでスケッチする
テクニック 34　「押し出しカット」を使い分ける
テクニック 36　厚みを一定に保つ：オフセット
テクニック 27　中心線を用いて対称設定する
テクニック 37　フィーチャーで丸い形状を作成する：フルラウンドフィレット
テクニック 12　規則的な部分は「パターン」で作成する
テクニック 46　ソフトウェア特有の注意点を理解する

Example 5：アセンブリに関する問題

部品ファイルから，下図のアセンブリを作成します．また，リンクの角度を指定し，そのときのリンクとシリンダの距離を測定します．

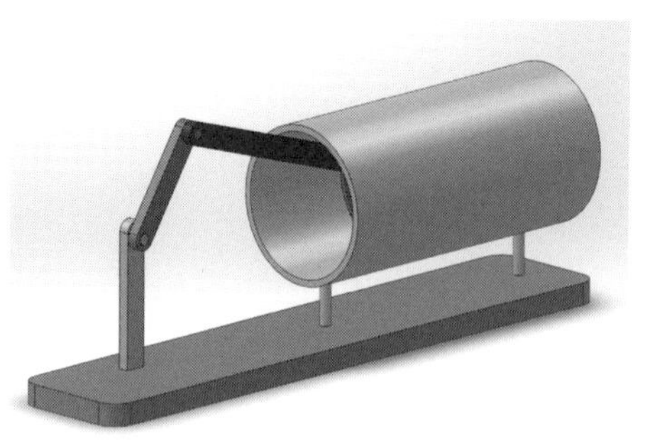

POINT アセンブリの場合，最初に読み込んだ部品は固定されます．固定にふさわしい部品は平板なので，最初に読み込みます．また，シリンダ内部やピストン内部に合致をつける場合には，断面表示を利用するとよいでしょう．

手順

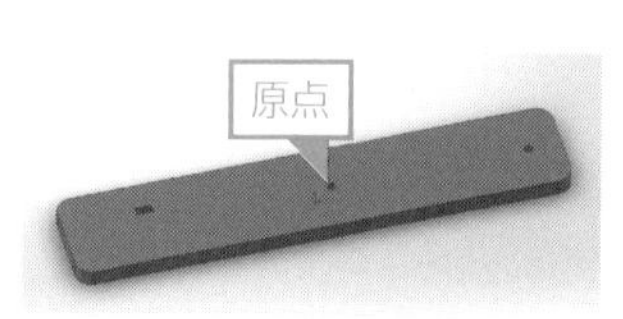

①ベースフィーチャー
★テクニック 47, 48

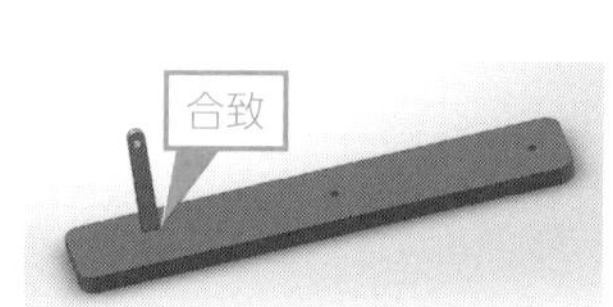

②読み込み → 合致
★テクニック 20

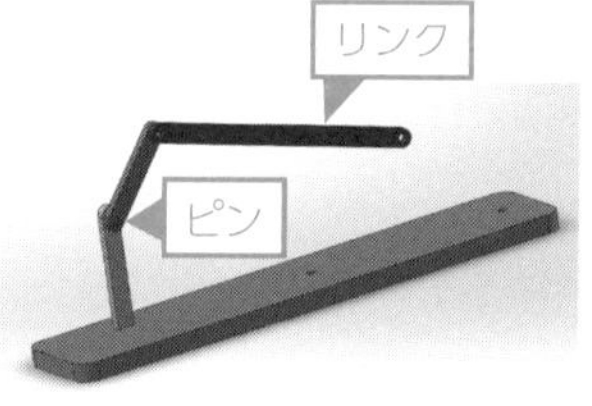

③読み込み → 合致
(リンク，ピン)

④ピンのコピー → 合致
★テクニック 53

⑤読み込み → 合致

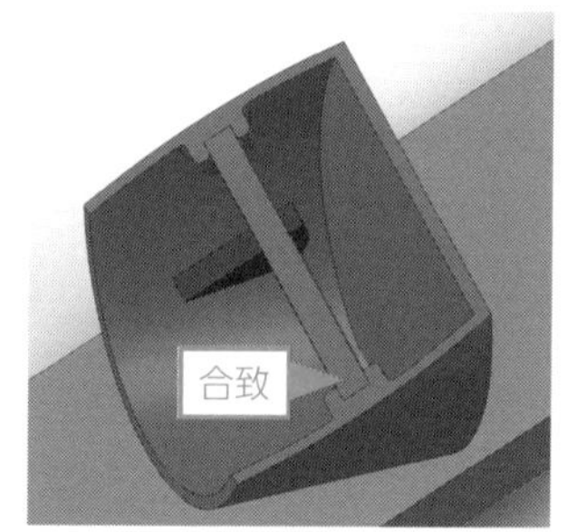

⑥断面表示 → 合致
★テクニック 52

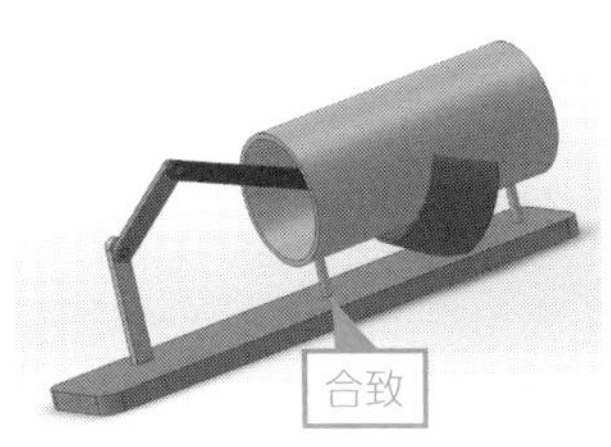

⑦読み込み → 合致

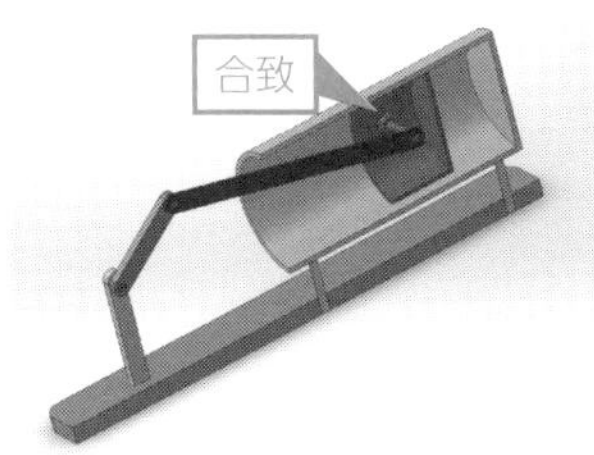

⑧断面表示 → 合致

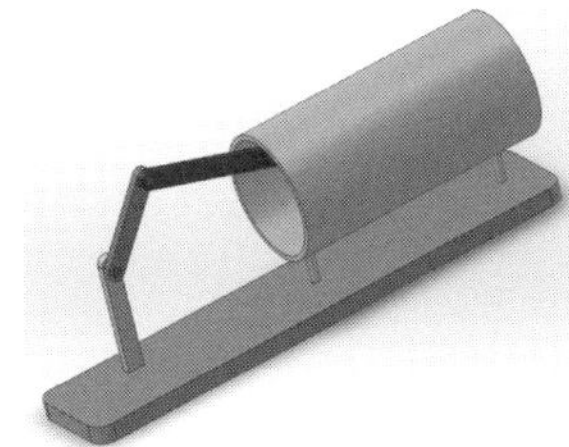

⑨完成

⑩角度を指定
★テクニック 19, 54

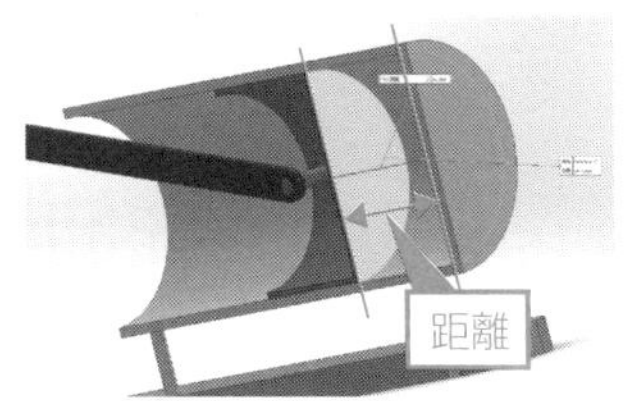

⑪距離を測定
★テクニック 41

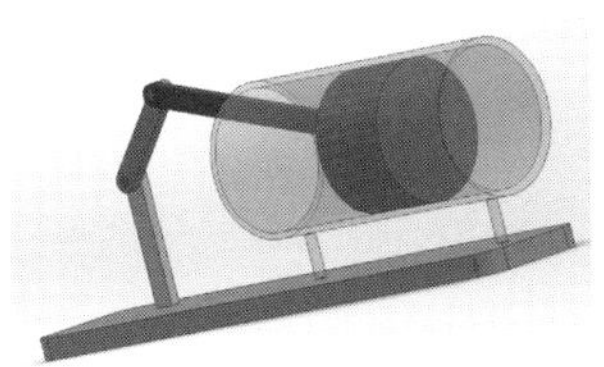

（参考）内部の表示
★テクニック 23

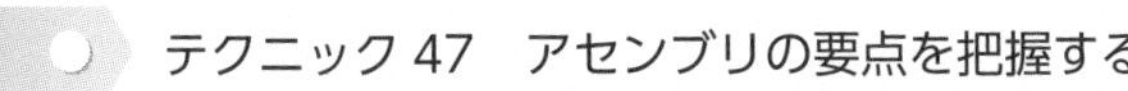

テクニック 47　アセンブリの要点を把握する
テクニック 48　部品の原点とアセンブリ原点を一致させる
テクニック 20　合致の注意点を理解する
テクニック 53　読み込みずみの部品をコピーする
テクニック 52　断面を表示する
テクニック 19　合致の状態を細かく指定する
テクニック 54　合致を使いこなす：距離合致，角度合致
テクニック 41　モデルの質量や各部の長さを求める：評価
テクニック 23　隠れた部分を表示させる

中級テクニック

Chapter 1

スケッチの中級テクニック

テクニック 1 「幾何拘束」に注意する

スケッチ - 幾何拘束を使いこなそう

表示される幾何拘束アイコンの意味を理解する

「幾何拘束」は相互の位置関係などを示しており，寸法を変更しても崩れることはありません．

幾何拘束の種類とアイコン

幾何拘束の有無，種類は緑色のアイコンで確認できます．

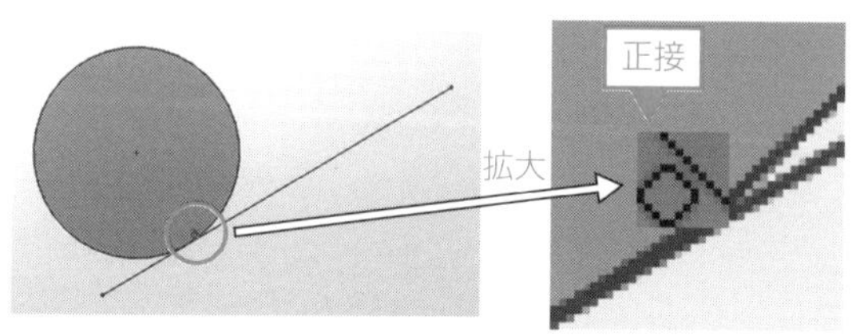

自動的に設定される幾何拘束

幾何拘束は基本的には自身で設定するものですが，例外として自動的に設定されるものもいくつかあります．

• **原点**

原点を始点として直線を描くと，原点と直線の始点には「一致」の幾何拘束が自動的に設定されます．

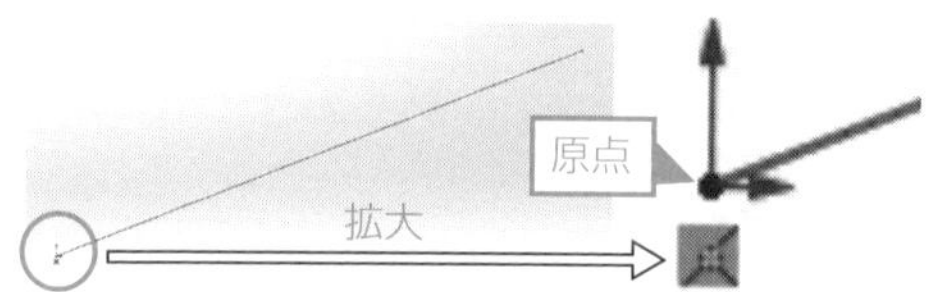

• **スケッチエンティティ**

利用するスケッチエンティティによっては，自動的に幾何拘束がつく場合があります．

右図の中心付近の 3 種類の一致はそれぞれ以下を表しています．

- ・右下がりの一点鎖線の中心点と座標原点との一致
- ・右上がりの一点鎖線の中心点と座標原点との一致
- ・2 本の一点鎖線の交点と座標原点との一致

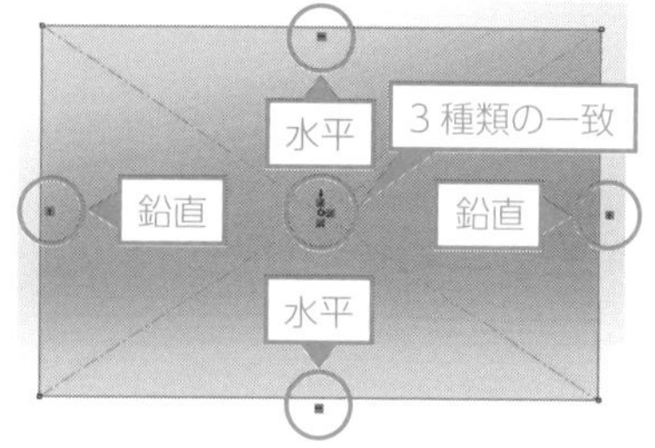

「矩形中心」によるスケッチ

• **マウス移動の方法によるもの**

→テクニック 30

テクニック 2 円を作図線として利用する

スケッチ - 円や点を利用したスケッチ

円を利用した中心線の描き方を身につける

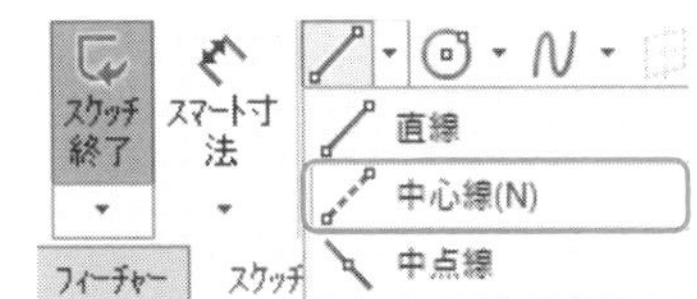

SOLIDWORKSでは，スケッチの「直線」で「中心線」を選択することができ，この中心線はモデリングには影響を及ぼさず，補助線として利用できます．

フランジのように同心円状に穴が開いているような図面では，その穴の位置を示すために中心線（一点鎖線）が使用されます．この場合，中心線は円で描かれていますが，直線とは異なりスケッチ側のメニューにはありません．

このように，直線以外を中心線で描きたい場合には，メニューではなく「設定」で行います．

Example

右図のように，円を用いて中心線を描きます．

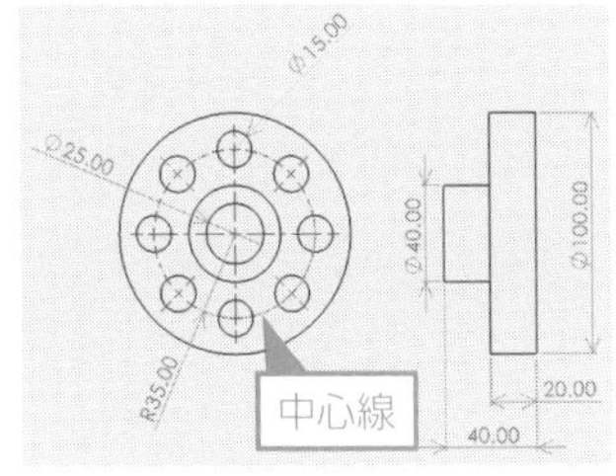

手順

①描きたい図形を通常の実線で作成
②「オプション」の「作図線」をチェック
③スケッチが作図線に変更される
④確認後，問題なければ✔を選択

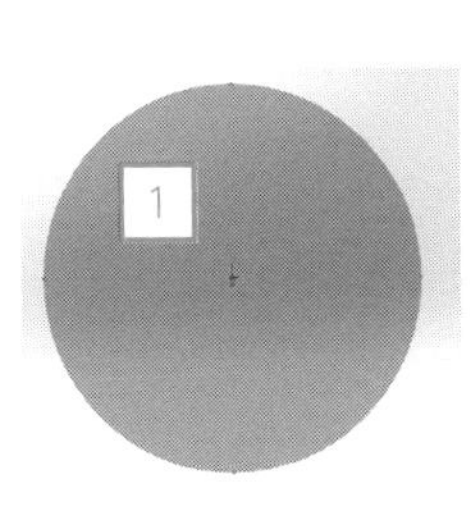

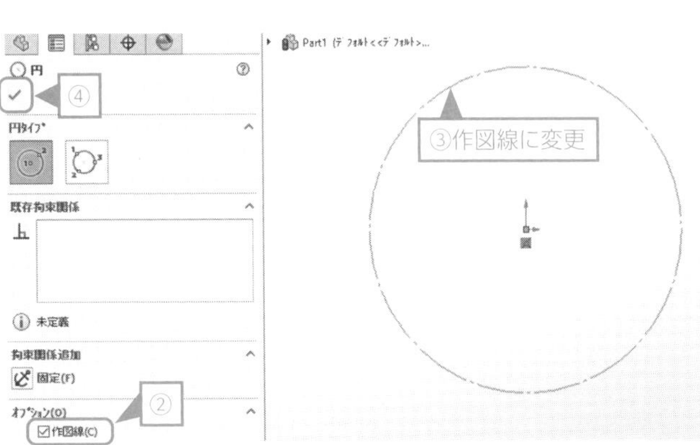

POINT 四角などを描いた場合でも，操作は基本的には同じです．なお，一度実線で作成した線を変更することも可能です．描いた実線を指定してクリックをすることで，図に示したような設定画面が表示されます．

- SOLIDWORKS において，一点鎖線は作図線を示す．
- 作図線は補助的な線であり，モデリングには影響しない．
- まずは実線で作図し，作図線に変更する．
- 変更する場合は，「オプション」の「作図線」をチェック．

テクニック 3

寸法の記入で「半径」と「直径」を使い分ける

スケッチ - 寸法を“スマートに”つけよう

「半径」と「直径」を使い分けることで，計算の手間やミスを減らす

スケッチした円の寸法は直径で指定しますが，参照している2次元図面では半径で定められている場合もあります．そのようなときは，半径から直径を計算するのでなく，半径のまま寸法指定をすれば，手間や計算ミスを減らせます．

手順　円の寸法を半径で設定

①スケッチで円を作成

②スマート寸法で寸法を決定

※この時点では本来の数値である必要はなく，単に現在の寸法で一度決定して✔を選択

③「引出線」タブを選択

④直径，半径を示すアイコンが表示されるので，希望のアイコンを選択

※通常は直径あるいは直線になっている

⑤「値」のタブをクリックし，「主要値」に数値を入力

⑥✔を選択

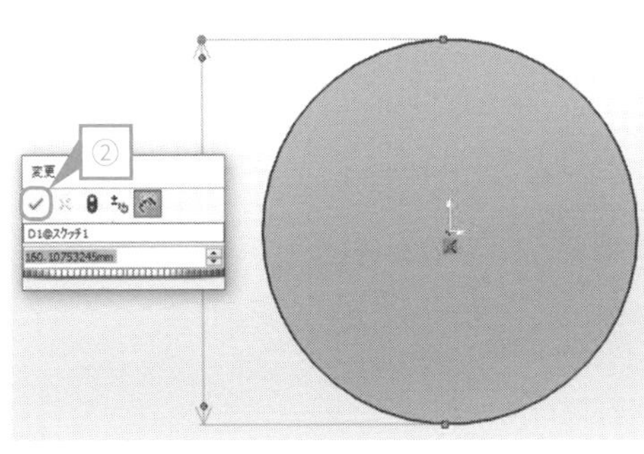

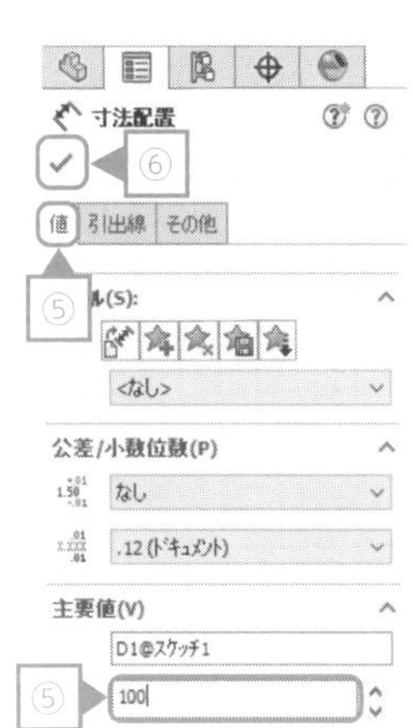

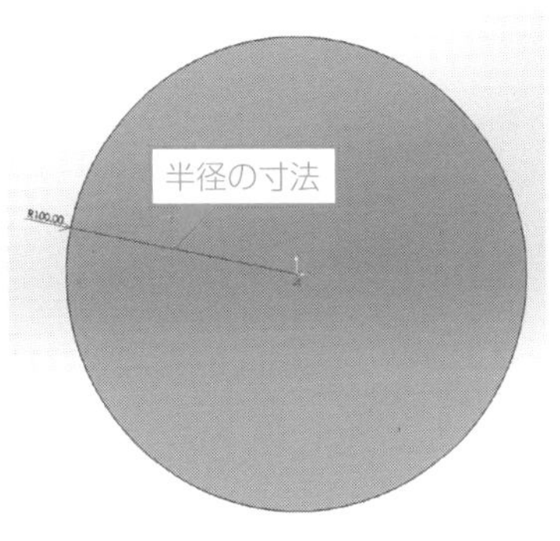

POINT　直径 ⇔ 半径の切り替えはすでに確定した寸法に対しても適用できます.

手順　半径 ⇔ 直径の切り替え

①線をクリック

②「引出線」タブで，希望のアイコンを選択

③✔を選択

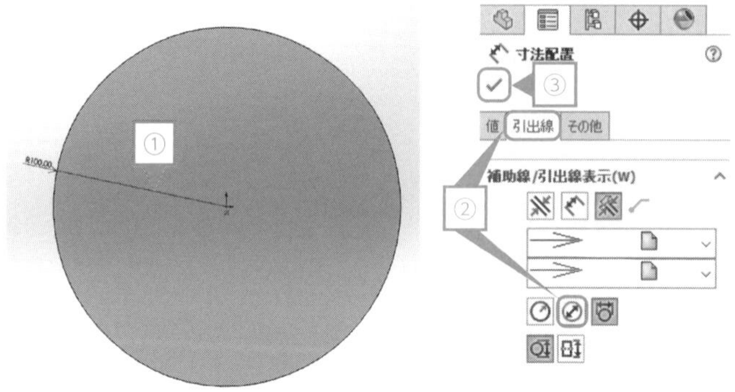

・円の寸法は，直径 ⇔ 半径の切り替えが可能.

・切り替えは「引出線」タブで設定.

・すでに寸法を入力している場合は，線をクリック.

テクニック **4**

原点／スケッチと円との距離を使い分ける

スケッチ - 寸法を“スマートに”つけよう

円の位置寸法を使い分けることで，計算の手間やミスを減らす

SOLIDWORKS では，原点と円，スケッチと円との距離は以下の 3 種類で設定します．

①中心距離

②最小距離

③最大距離

通常は①の中心距離に設定されていますが，参照する 2 次元図面での寸法記入に合わせて変更することで，計算の手間やミスを減らせます．

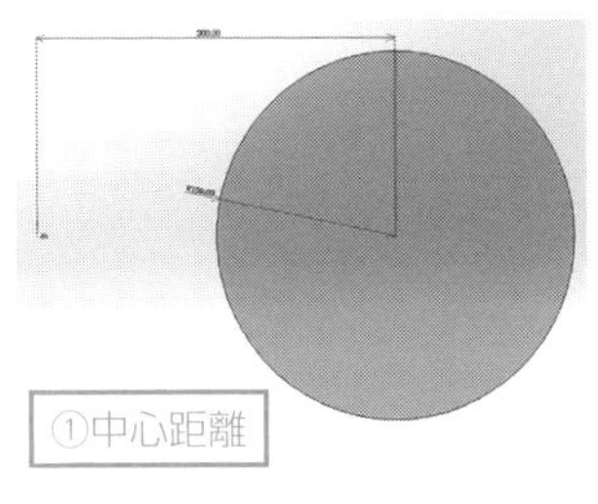

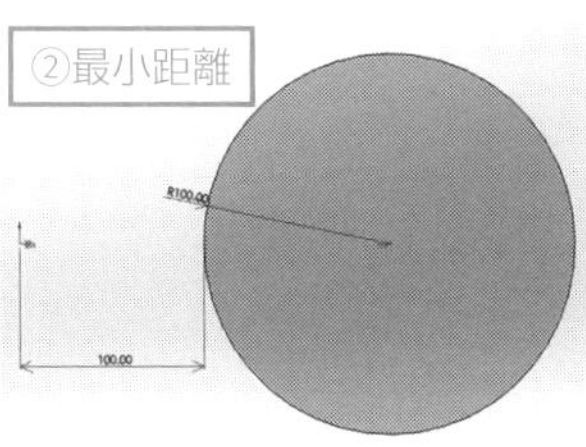

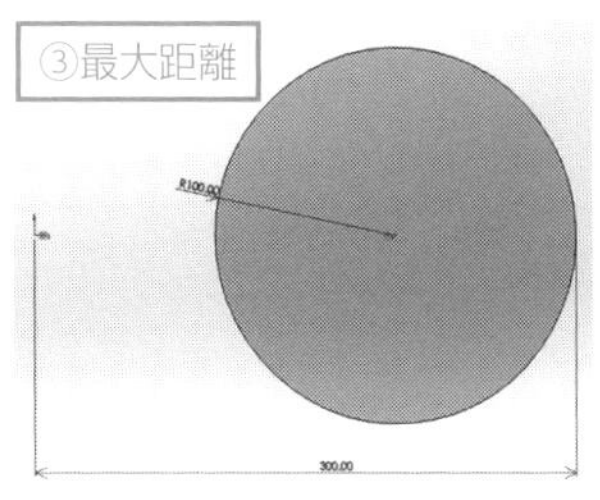

手順

①引出線あるいは矢印をクリック

②「引出線」タブの「円弧の状態」で，希望するものを選択

③✔を選択

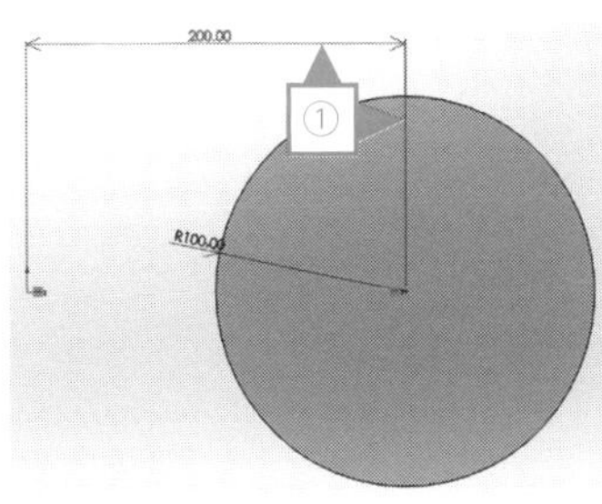

! スマート寸法で寸法を決定する際には，上記のような図の場合，座標原点と円弧のエッジを選択しておく必要があります．座標原点と円弧の中心を指定して寸法を決定してしまうと上記のような変更はできなくなりますので注意が必要です（引出線タブで，円弧の状態が表示されません）．

- 円の位置寸法は「中心距離」「最小距離」「最大距離」の 3 種類（初期設定は「中心距離」）．
- 変更する場合は，「引出線」タブから「円弧の状態」を選択する．

テクニック 5

「中点」を設定する

スケッチ - 円や点を利用したスケッチ

Chapter 1 テクニック5

「中点」を設定しておくことで，後の作業の効率化を図る

モデルの中点をすばやく選択することができれば，中点を利用したスケッチを比較的容易に行うことができます．また，中点を座標原点と一致させておけば「ミラー」フィーチャーを利用することで作業効率が大幅に向上します（→テクニック 13）．

中点拘束

線分の中点を座標原点や他の線分の中点と一致させることを「中点拘束」といいます．

手順　四角の底辺の中点を座標原点と一致させる

①座標原点とは離れたところで，「矩形コーナー」で四角を作成
②原点をクリック→「Ctrl」キーを押しながら四角の底辺を選択
③「プロパティ」タブの「拘束関係追加」で，「中点」のアイコンを選択
④✔を選択

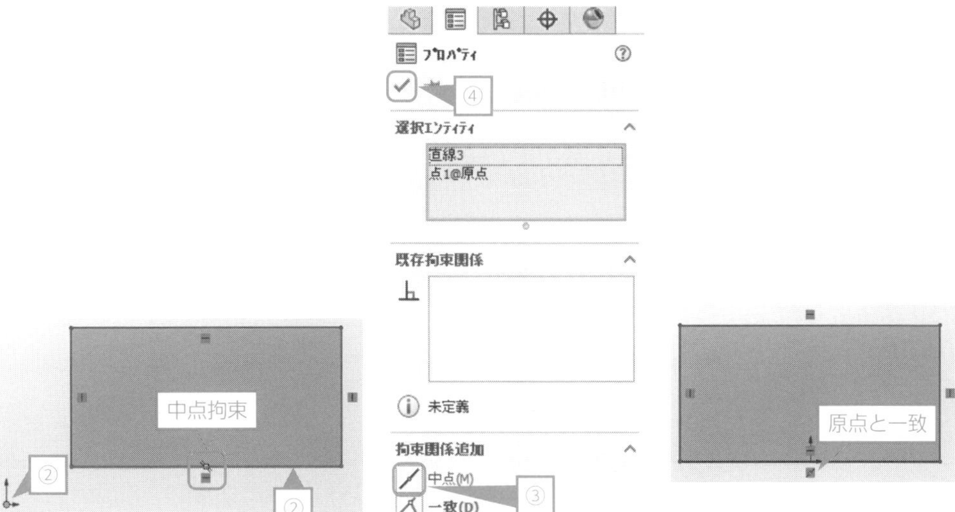

中点の選択

線の中心から中心線を引いたり，線の中心と一致するような円を描いたりするために中心を選択することを「中点の選択」といいます．

手順　四角の底辺の中点を選択する

①座標原点とは離れたところで，「矩形コーナー」を用いて四角を作成
②底辺をクリック
　→選択された底辺はオレンジ色に変化
③右クリック→「メニュー」から「中点の選択」を選択
④「直線プロパティ」の✔を選択
⑤「中点に拘束」のアイコンが追加され，中点に○印がつく

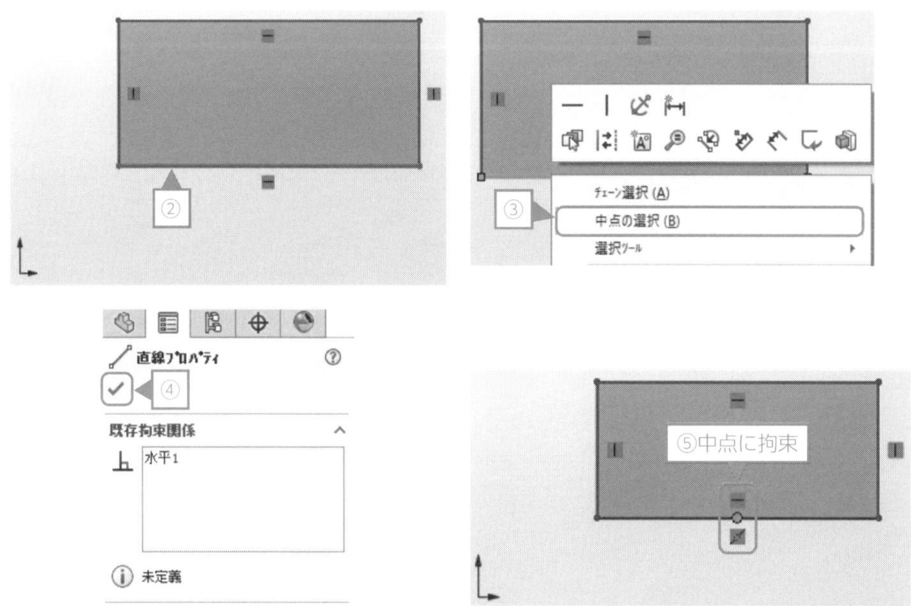

POINT　この点を選択して線を引いたり，新しく描いたスケッチに拘束をつける場合にこの点を活用したりすることができます．

・中点拘束：線分の中点を座標原点や他の線分の中点と一致させる．
・中点の選択：線の中点を明確に決定する．

テクニック 6

「対称寸法」を活用する

スケッチ - 寸法を“スマートに”つけよう

Chapter 1 テクニック6

「回転」フィーチャーの利用を見据えた寸法の入れ方をマスターする

「回転」フィーチャーを用いる場合，スケッチは元の半分の大きさで作成します．このようなとき，参照する 2 次元図面において直径で設定されている寸法を半径に直さなくても，中心線をまたいで対称となるような形状の場合に限って全体の寸法を指定することができます．本書ではこれを「対称寸法」とよんでいます．これにより，計算の手間やミスを減らすことができます．

Example

右図のスケッチを描き，「回転」フィーチャーを使用します．スケッチは一筆書きで行い（→テクニック28），まだ寸法を入れていません．ここに，直径に相当する寸法を入れます．

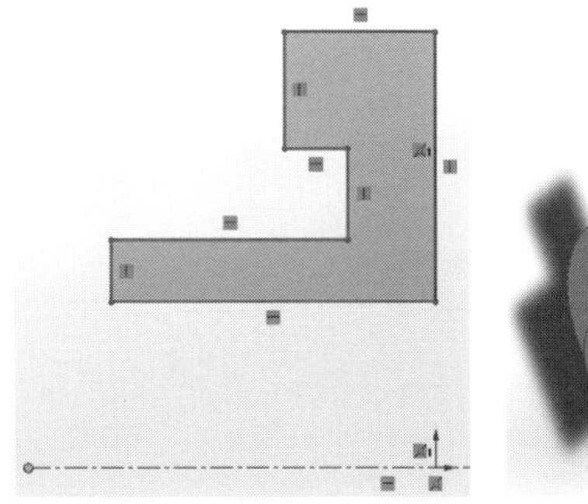

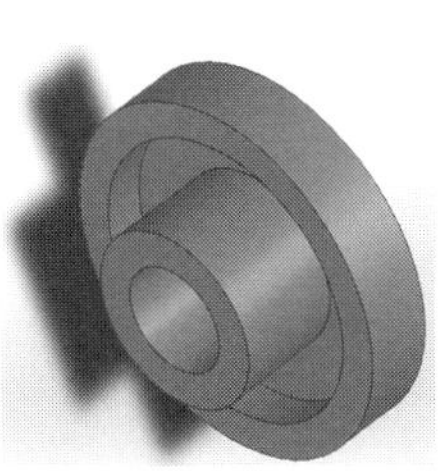

手順

①「スマート寸法」を選択
②外径をクリック後，中心線を選択
③マウスを中心線より下側に移動すると，寸法表記が変化
※これ以降は通常の寸法入力と同様

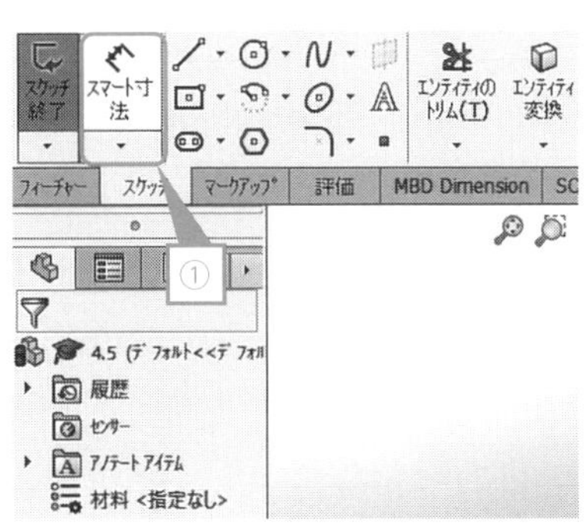

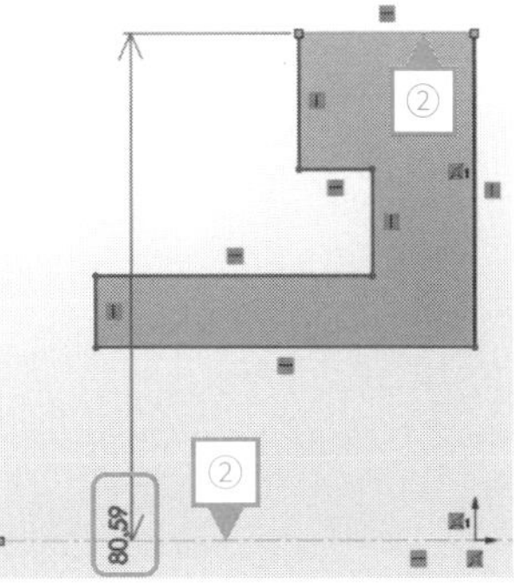

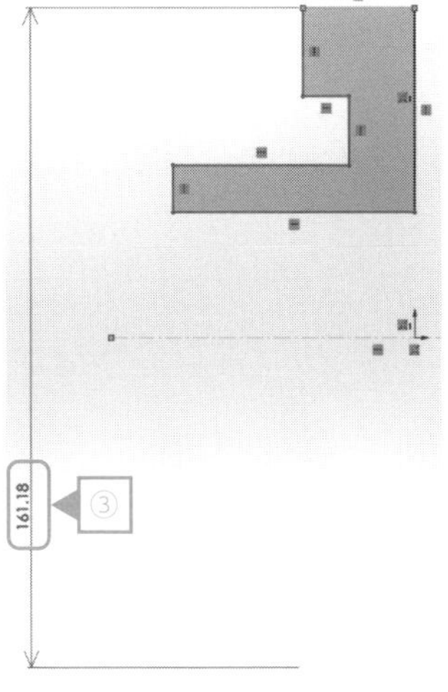

・中心線をまたいで対称となる形状には，対称寸法が利用できる．

テクニック 7

キー溝には「スロット」を利用する

スケッチ - 便利なスケッチエンティティ

特定の形状に特化したエンティティを利用し，素早くスケッチする

機械部品では，軸にはキー溝が設けられている場合があります．四角と円を組み合わせてスケッチすることもできますが，「スロット」エンティティを用いれば素早くスケッチできます．

「スロット」には４種類がありますが，まずは「ストレートスロット」「中心点ストレートスロット」の二つをマスターしましょう．

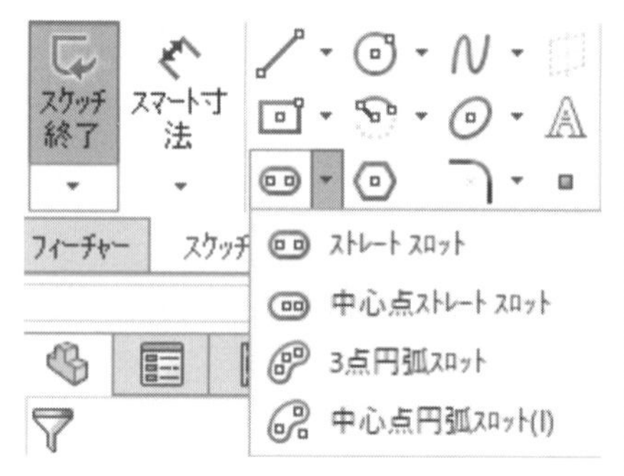

Example

右図のようなスロットの形状をもつ部品を作成します．

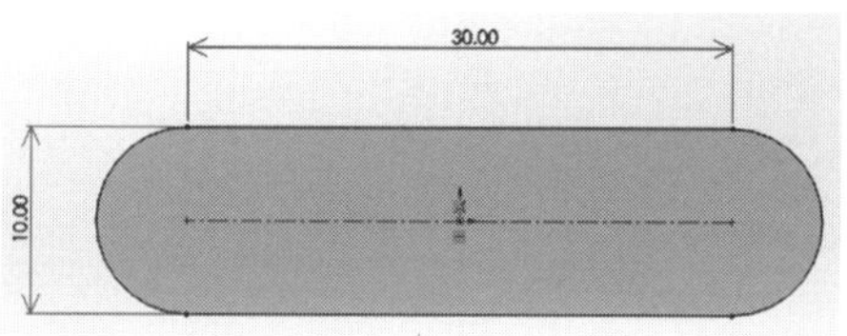

手順 ストレートスロット

①左側の円弧の中心を選択

②一点鎖線が表示されるので，次に右側の円弧の中心を選択

③一点鎖線に対して垂直方向（図では下方向）にマウスを移動し，適当な厚みになったら左クリック（スロットの厚みを決定）

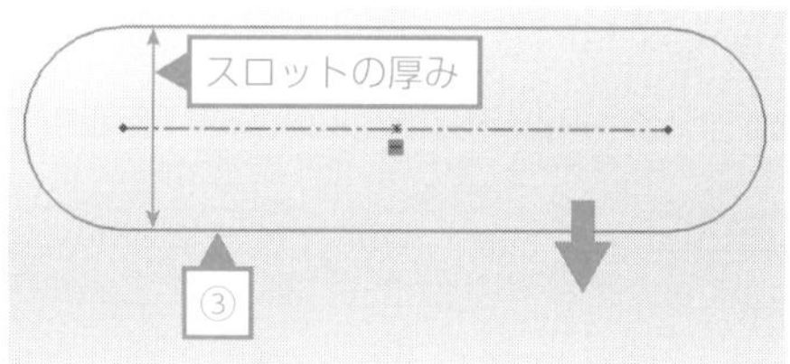

手順　**中心点ストレートスロット**

①スロットの中心を左クリックした後，終点となる円弧の中心を左クリック

②以降はストレートスロットの場合と同様

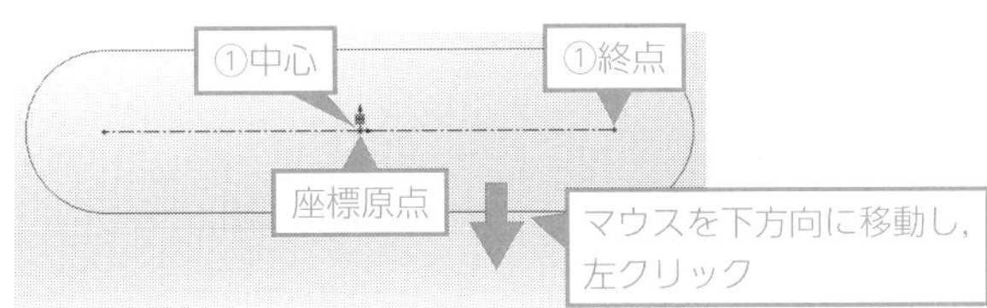

POINT　中心点を座標原点と一致させたいときに便利です．

・キー溝のような形状には，「スロット」エンティティを利用する．

テクニック 8 類似の形状を作成する：エンティティ変換

スケッチ - 繰り返しの手間を減らそう

繰り返しの手間を減らし，作業の効率化を図る

モデルの作成時に，すでに作成したスケッチと類似の形状のスケッチが必要となることがあります．そのつど新しくスケッチするのではなく，「エンティティ変換」を利用して無駄な作業を減らしましょう．

Example

右図のモデルにおいて，左右の細い棒の直径は同じです．スケッチ→フィーチャーを繰り返すのではなく，「エンティティ変換」を利用して左側の棒を作成します．

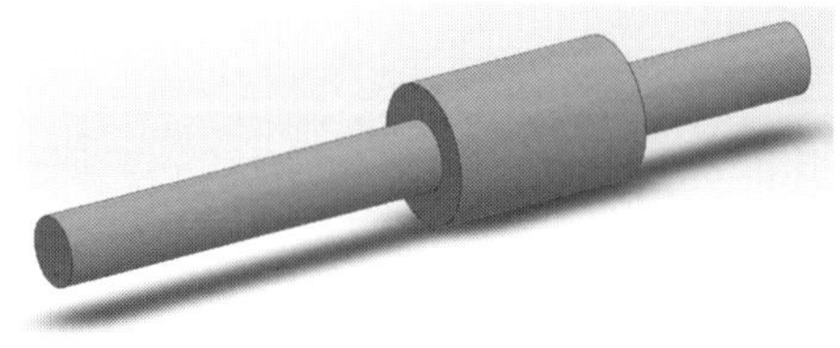

手順

①スケッチしたい面を左クリック

②右クリック→「選択アイテムに垂直」アイコンを選択

③「スケッチ」タブ→「スケッチ」を選択

④モデルの範囲外でクリックし，右側の棒の根元が見えるようにモデルを回転
→スケッチ面が青からグレーに変化

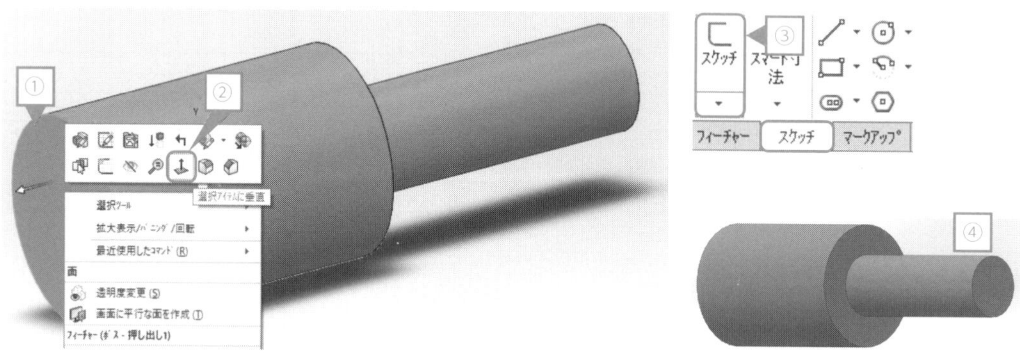

⑤「エンティティ変換」を選択
⑥右側の棒の根元のエッジを選択→左側のウィンドウの✔を選択
⑦「フィーチャー」→「押し出しボス／ベース」を選択
⑧方向および状態を決定し，押し出し量を指定
⑨✔を選択

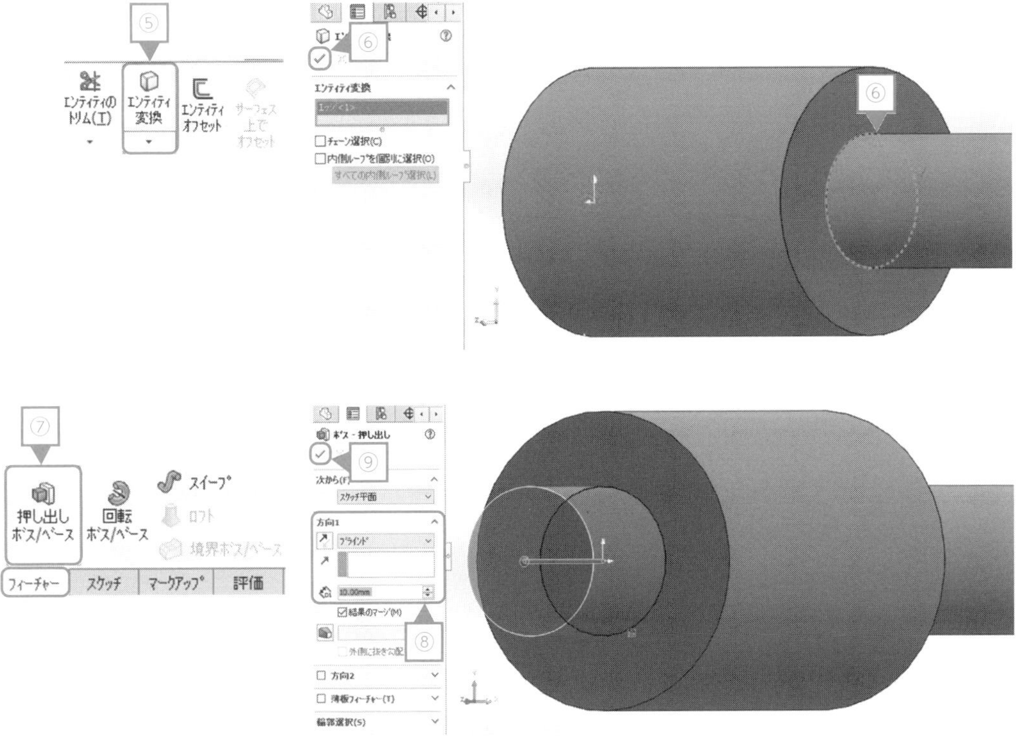

・すでに作成したモデルのエッジを利用してエンティティ変換を用いれば，スケッチ作業の手間が省ける．

テクニック 9　一回り大きい／小さい形状を作成する：エンティティオフセット

スケッチ - 繰り返しの手間を減らそう

繰り返しの手間を減らし，作業の効率化を図る

外周の形状はまったく同じで，それよりも一回り大きい形／小さい形にしたい場合がありますが，複雑なスケッチを繰り返すのは大変です．そのようなときは「エンティティオフセット」を利用して無駄な作業を減らしましょう．

Example

右図のように，肉厚（厚さ）を指定してくり抜いたモデルを作成します．

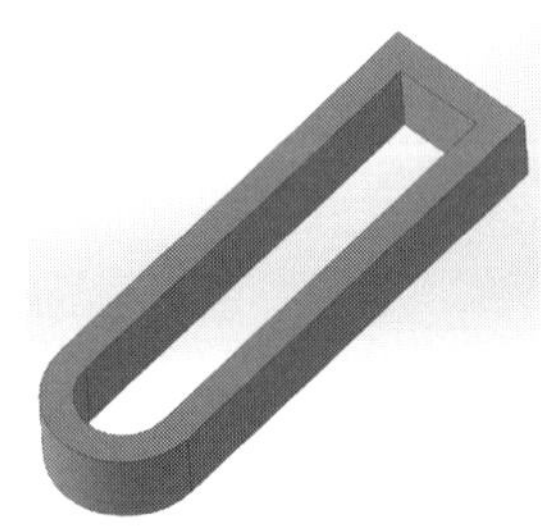

手順　エンティティオフセット

①スケッチしたい面を左クリック
②テクニック 8 の手順②，③，⑤を行う．
③外形に相当するエッジを左クリックし，左のウィンドウの✔を選択
④「エンティティオフセット」を選択
⑤対象にしたいスケッチ（外周）を順に複数選択
⑥方向を指定（必要に応じて反対方向にチェック）し，オフセット量を入力→✔を選択
⑦「フィーチャー」→「押し出しカット」を選択
⑧方向，状態を決定し，「輪郭選択」を選択
⑨くり抜きたい領域（内側）を選択
⑩✔を選択

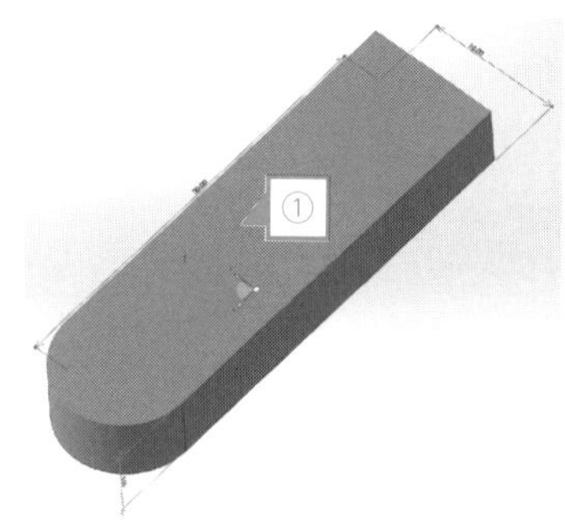

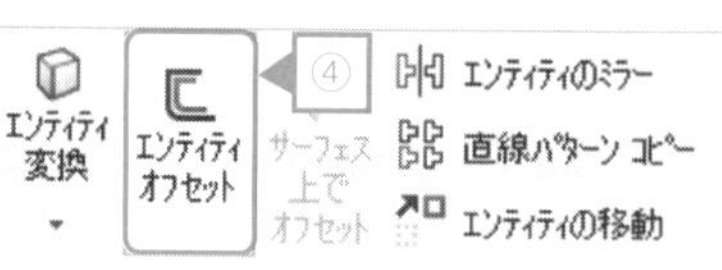

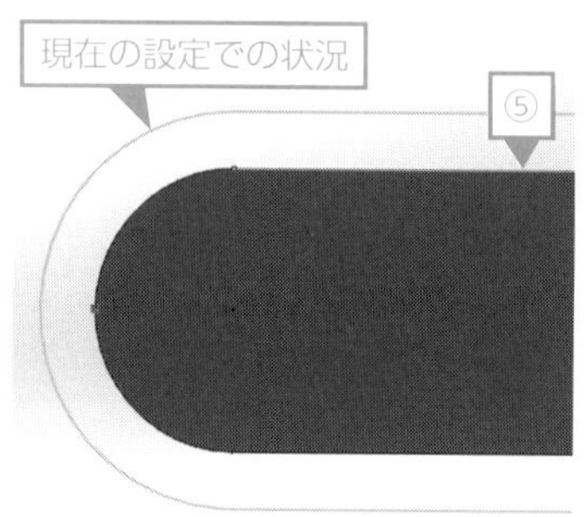

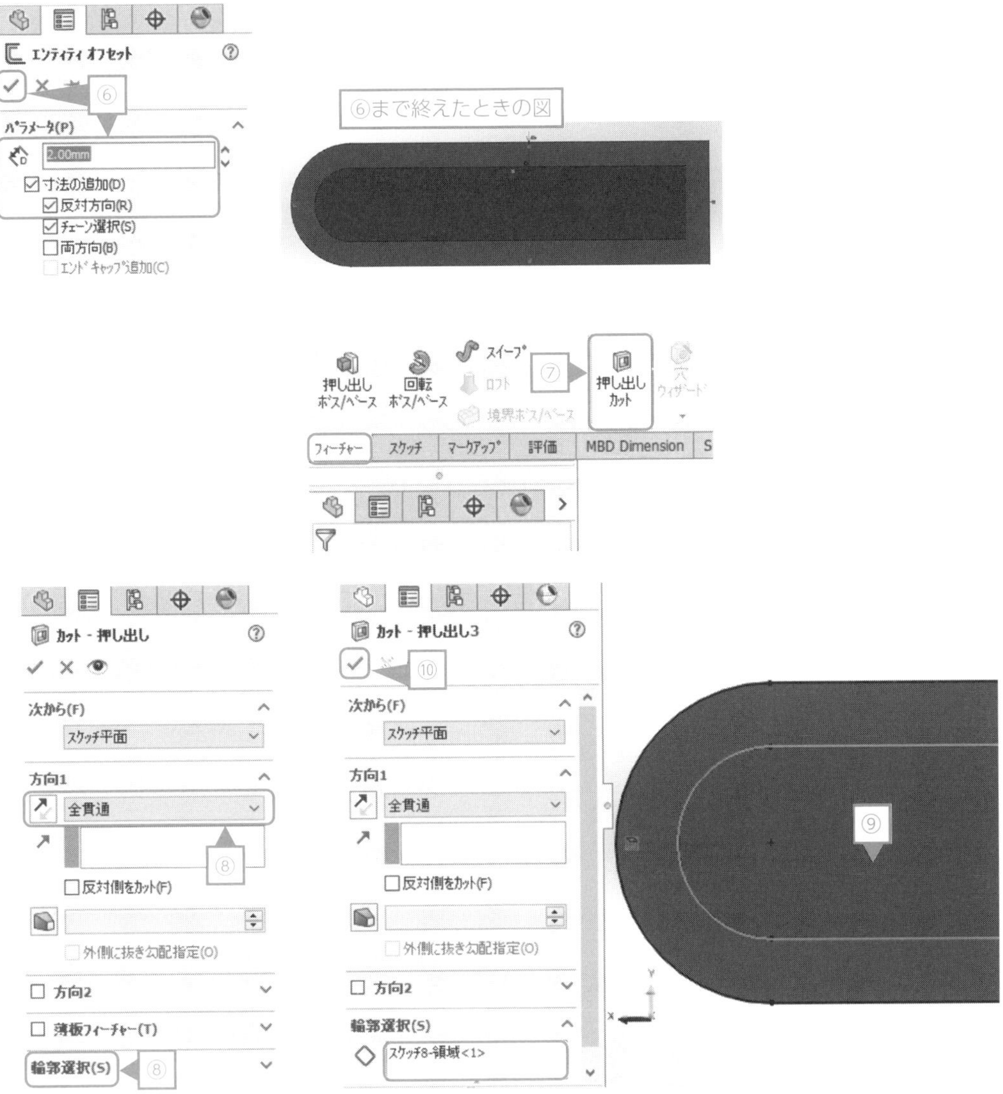

・「エンティティ変換」と「エンティティオフセット」を利用すると，一回り大きい／小さいスケッチが描ける．

テクニック 10　素早く修正する：スケッチ編集

スケッチ - 修正が必要なときは…

ちょっとした修正の仕方を身につける

完成後にモデルを修正することはたびたびあります．ちょっとした修正（寸法のわずかな変更，形状の一部変更など）には「スケッチ編集」を利用します．

手順

①Feature Manager 側で，スケッチを修正したいフィーチャーの左側の▼を左クリックして展開
②展開されて出てくるスケッチを選択
③右クリック→「スケッチ編集」アイコンを選択
④スケッチの必要な箇所を修正
⑤「スケッチ終了」を選択

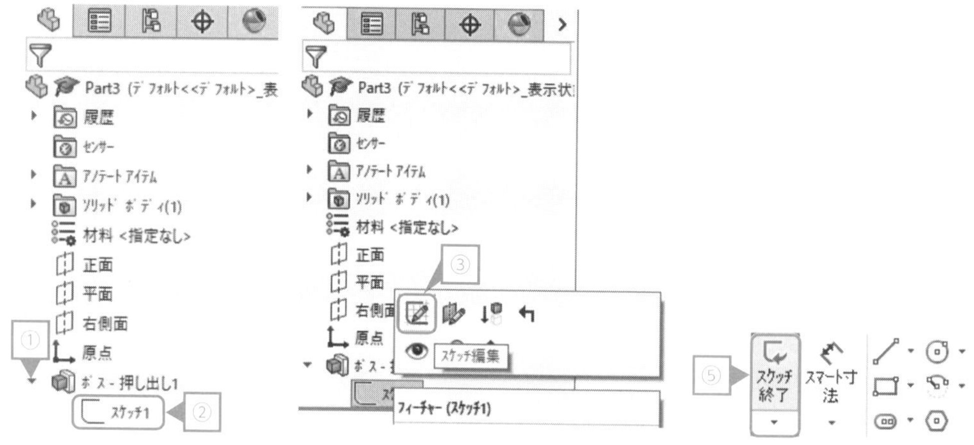

・作成したモデルのスケッチを修正・変更する場合には，「スケッチ編集」を利用する．
・修正したいスケッチの指定は，Feature Manager 側で行う．
・修正後，「スケッチ終了」を選択することを忘れずに．

Chapter 2

フィーチャーの中級テクニック

テクニック 11　厚みをもたせつつ押し出す：薄板フィーチャー

フィーチャー - 「押し出し」「カット」を使いこなそう

閉じた曲線をスケッチする手間を減らす

フィーチャーを利用するには，一般にはスケッチは閉曲線で構成されなければいけません．「薄板フィーチャー」は例外的に「閉じていない曲線」に厚みをもたせつつ押し出すことができます．

Example

薄板フィーチャーを利用して，右図のスケッチに厚みをもたせて紙面に鉛直方向に押し出します．

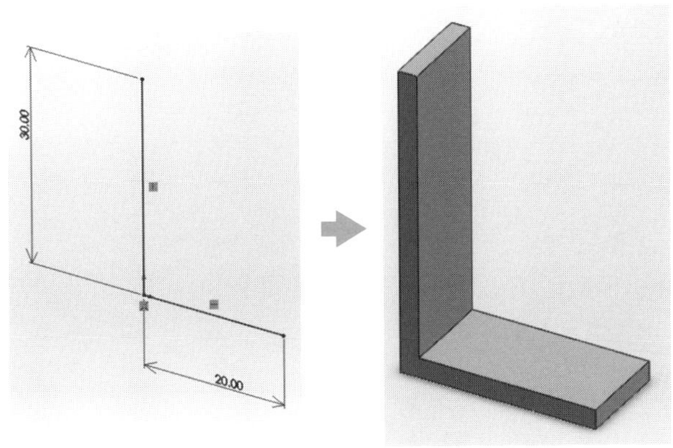

手順

①「フィーチャー」→「押し出しボス／ベース」を選択
②方向，状態，押し出し量を設定
③「薄板フィーチャー」の下にある，方向，状態，押し出し量を設定
④✔を選択

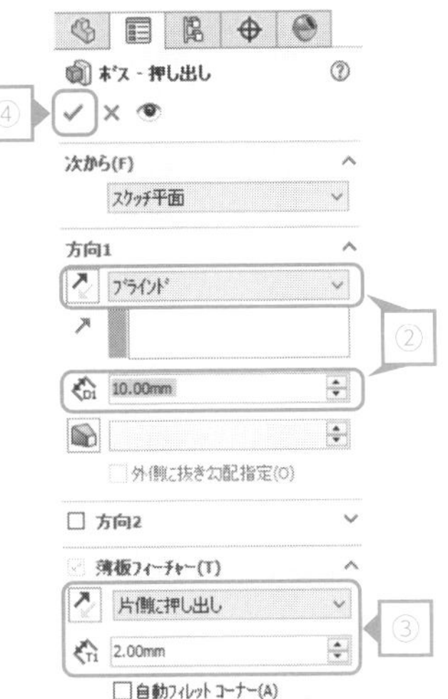

薄板フィーチャーの「状態」

手順③の「状態」には「片側に押し出し」「両側に等しく押し出し」「両側に押し出し」の３種類があります．切り替えは「薄板フィーチャー」のプルダウンメニューで行います．

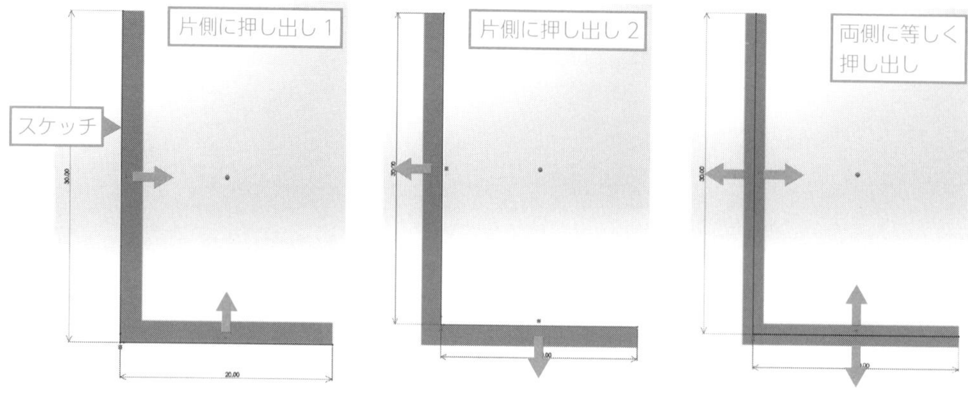

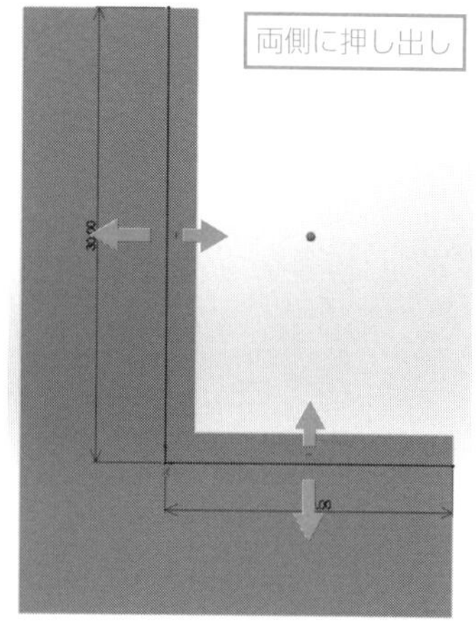

「両側に押し出し」を選択した場合は，押し出し量を２種類設定します．

・閉じていないスケッチでも，薄板フィーチャーは適用可能．
・「片側に押し出し」「両側に等しく押し出し」「両側に押し出し」の３種類がある．

テクニック **12**

規則的な部分は「パターン」で作成する

フィーチャー - 繰り返しの手間を減らそう

規則的な形状を一気に作成し，繰り返しの手間を減らす

規則的に一定間隔で穴が開いているようなモデルを作成する場合，逐一スケッチを行うと非常に手間がかかります．「直線パターン」や「円形パターン」では，一つのフィーチャーをパターン化することで，複数のフィーチャーを簡単に作成できます．

Chapter 2 テクニック12

Example：直線パターン

等間隔に開いた穴を作成します．まず左端の穴をスケッチし,「直線パターン」を利用します．

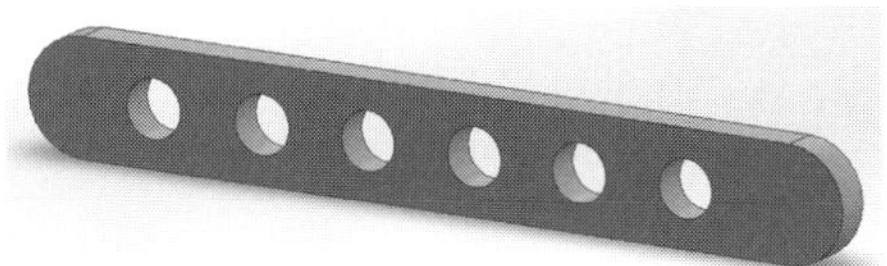

手順　直線パターン

①「フィーチャー」→「直線パターン」→「直線パターン」を選択
②矢印アイコンで，必要に応じて方向を指定
③方向の基準とするエッジやスケッチを指定
④間隔，数を入力
⑤「フィーチャーと面」の下にある空白部分を選択
⑥パターン化するフィーチャーを選択（→以下で補足）
⑦✔を選択

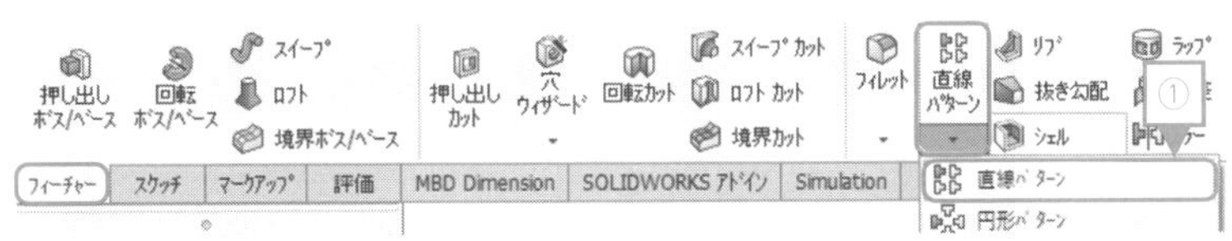

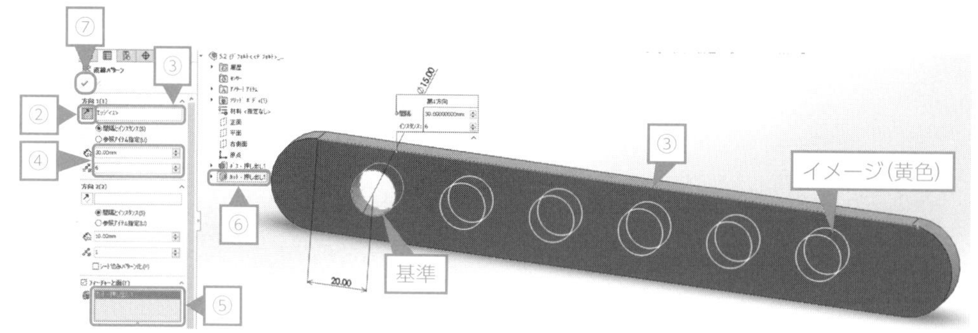

方向の基準とするエッジやスケッチの指定
水平方向にパターン化するためには，同じ向き（水平）に伸びたエッジ（あるいはスケッチ）を選択します．

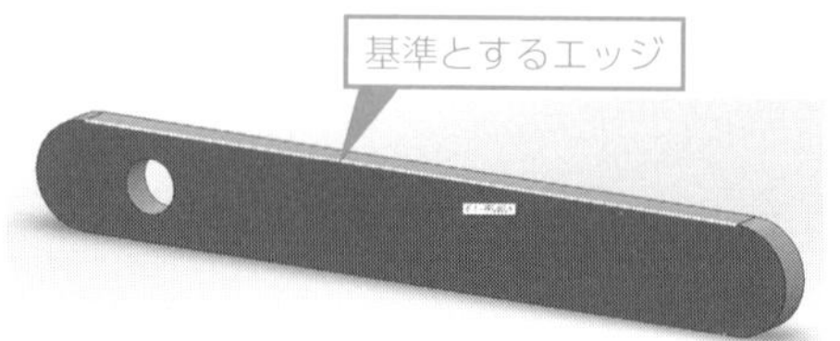

パターン化するフィーチャーの選択
パターン化するフィーチャーは，フィーチャー履歴のツリーの中から選択します．

POINT　履歴のツリーを表示させるには，右図の三角をクリックします．

Example：円形パターン

円周上に等間隔で並んだ穴を作成します．まず上部の穴を作成し，円形パターンを利用します．

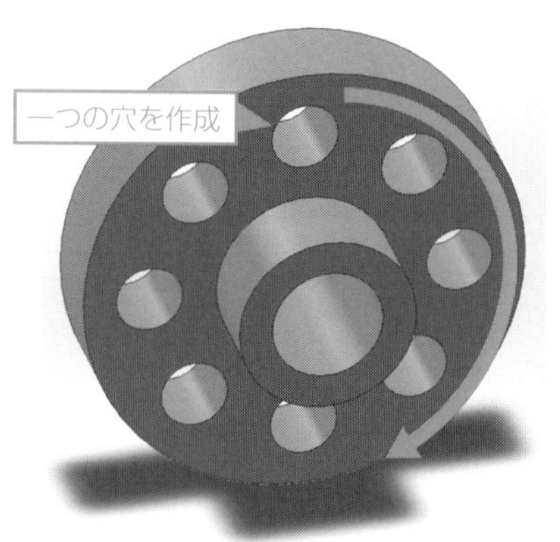

手順　円形パターン

手順は，「直線パターン」の場合とほぼ同様です．

①「フィーチャー」→「直線パターン」→「円形パターン」を選択

②矢印アイコンで，必要に応じて方向を指定

③方向の基準とするエッジやスケッチ，面を指定
④間隔，角度，数を入力
⑤「フィーチャーと面」の下にある空白部分を左クリック
⑥パターン化するフィーチャーを選択
⑦✔を選択

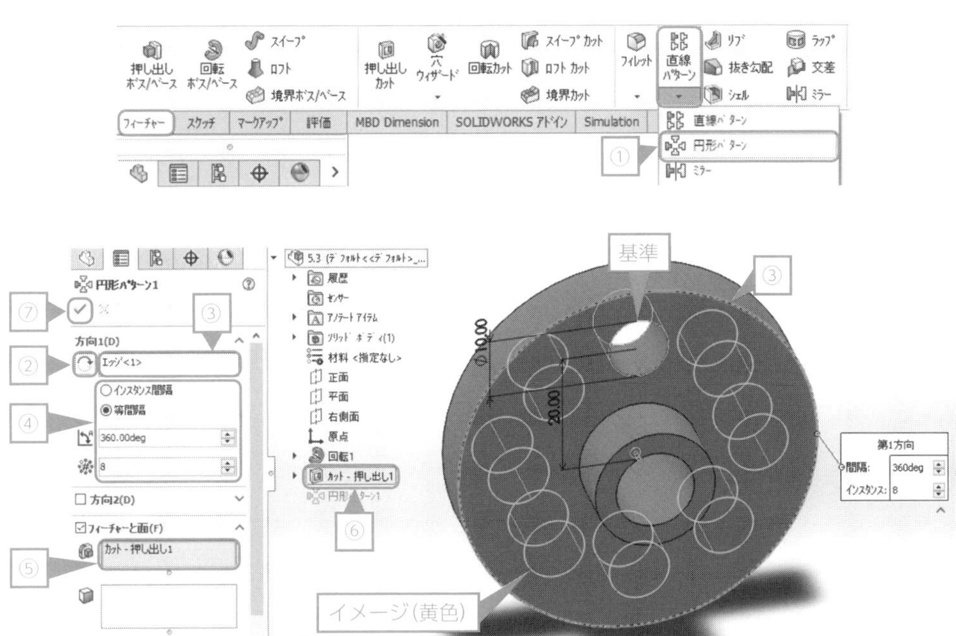

! フィーチャーとしての抜き勾配，フィレット，面取りをパターン化する場合の注意

パターン（直線，円形）を利用する場合，一度に複数のフィーチャーを指定することができます．複数指定したほうが作業効率がよいことは明白ですが，それに抜き勾配やフィレット，面取りが含まれる場合は注意が必要です．問題なく適用できる場合と，できない場合とがあります．うまくできない場合には，「ジオメトリパターン」を設定する必要があります（→テクニック 14）．ただし，ジオメトリパターンを設定してもできない場合もあります．

・同じフィーチャーを等間隔で複数適用したい場合には，「直線パターン」「円形パターン」を使おう．

テクニック 13

対称な形状はコピーして作成する：ミラー

フィーチャー - 繰り返しの手間を減らそう

対称な部分をコピーすることで，作業の手間を減らす

左右あるいは上下対称な部品は多くあります．そのため，そのような部品を造形する際には，対称な部分の片方のみを作成してコピーすれば手間が省けます．ある面を境にして対称となるフィーチャーをコピーする機能が「ミラー」です．

対象となる平面

ミラーを用いるときは，境として平面が必要になります．基本的にはデフォルトの三平面（正面，平面，右側面）を多用します．

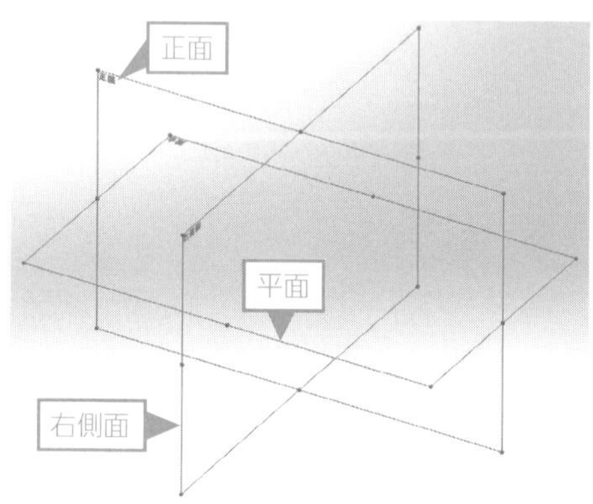

Example

右図の穴の開いた部分を，中心となる平面を境にしてコピーします．

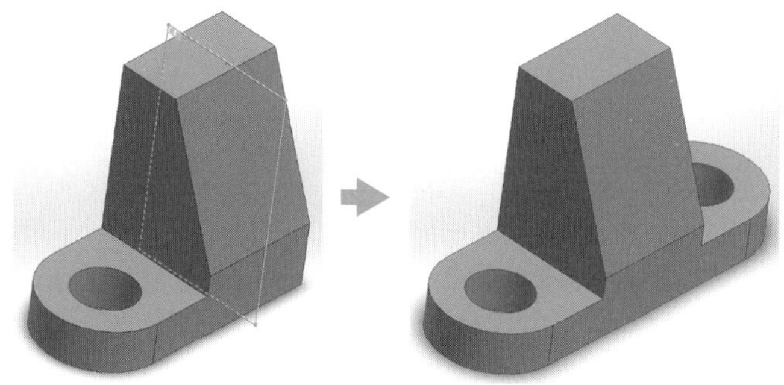

手順

①「フィーチャー」→「ミラー」を選択

②「ミラー面／平面」を選択
③ミラーコピーするフィーチャーを選択（複数可）
④✔を選択

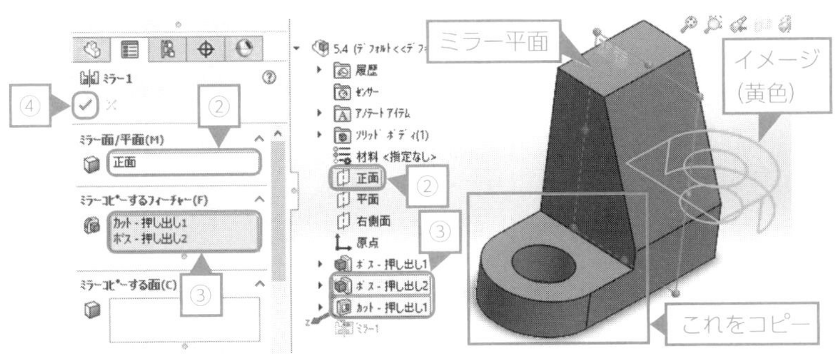

! フィーチャーとしての抜き勾配，フィレット，面取りをパターン化する場合の注意

パターン（直線，円形）を利用する場合，一度に複数のフィーチャーを指定することができます．複数指定したほうが作業効率がよいことは明白ですが，それに抜き勾配やフィレット，面取りが含まれる場合は注意が必要です．問題なく適用できる場合と，できない場合とがあります．うまくできない場合には，「ジオメトリパターン」を設定する必要があります（→テクニック 14）．ただし，ジオメトリパターンを設定してもできない場合もあります．

! 座標原点の位置が間違っているとミラーが適用できない

複数の面を利用する場合には，座標原点の位置が非常に重要になります．デフォルトの三平面すべてを利用する場合には，元となるモデルの中心位置と座標原点が同じでなければいけません．

POINT 上記のことからわかるように，モデル作成の場合にはまずどのようなフィーチャーをどのような順番で適用していくのかといった大まかな構想を立てておきましょう．

- ある面に対して対称となるフィーチャーをもつ場合には，ミラーを使ってコピーしよう．
- フィレットや面取りはミラーでコピーできない場合がある．そのようなときには，ジオメトリパターンを設定することでコピーが可能になる場合もある．ただし，ジオメトリパターンを設定してもコピーできない場合もある．
- モデル作成の際は，ミラーの適用を意識して座標原点を決める必要がある．

テクニック **14**

パターンやミラー，抜き勾配において形状を忠実にコピーする

フィーチャー - 繰り返しの手間を省こう

オプション設定を利用し，コピーを使いこなす

パターン化する場合やミラーを利用する場合，通常の設定では抜き勾配を適用しているフィーチャーは正しい形状になりません．また，フィレットや面取りを含むフィーチャーをまとめて指定する場合，うまくできるときとできないときがあります．このような場合は，オプション設定である「ジオメトリパターン」を指定しましょう．

Example：抜き勾配のコピー

右図のように，抜き勾配を適用した形状をミラーでコピーします．

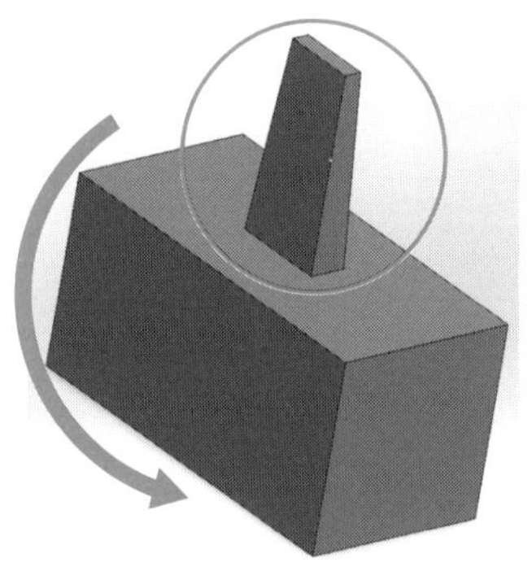

手順

「ミラー」でコピーする際に，「オプション」→「ジオメトリパターン」をチェック

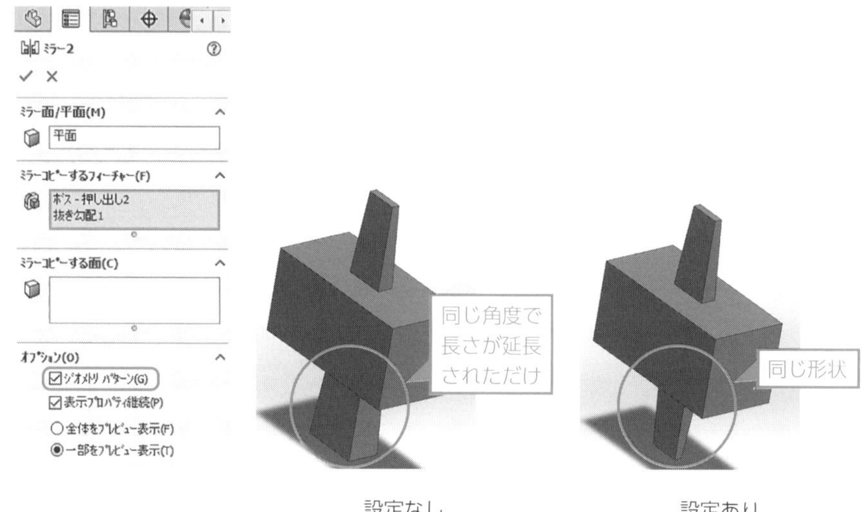

設定なし　　設定あり

Example：押し出し—直線パターン

右図のように，押し出しで作成した円柱形状を直線パターンでコピーします．

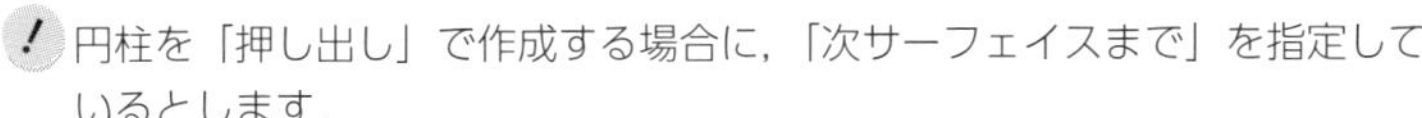
円柱を「押し出し」で作成する場合に，「次サーフェイスまで」を指定しているとします．

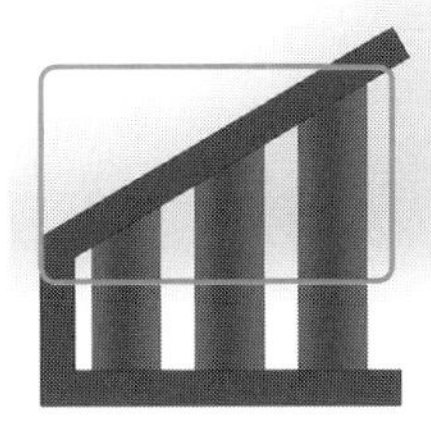
設定なし

設定あり

フィーチャーによっては，「ジオメトリパターン」を設定してもコピーやパターン化できない場合もあります．

Example：できない例 1

右図のように円板の上部に突起を作成し，突起物の根元（フィレット 1）および角にあたる部分（フィレット 2）の 2 か所にフィレットを適用した形状を考えます．この突起と 2 種類のフィレットをまとめて「円形パターン」でコピーすることはできません．

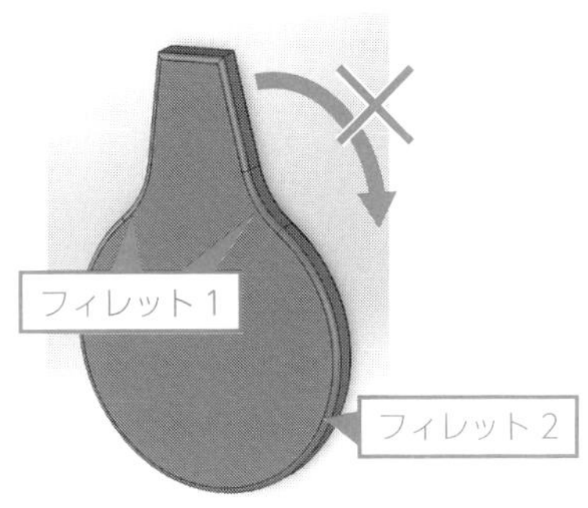

ジオメトリパターンの設定の有無にかかわらず，「再構築エラー」が表示されます．

手順

①フィレットを適用する前の形状に「円形コピー」を適用
※「ジオメトリパターン」を設定する必要はありません．
②コピー後にフィレットを設定

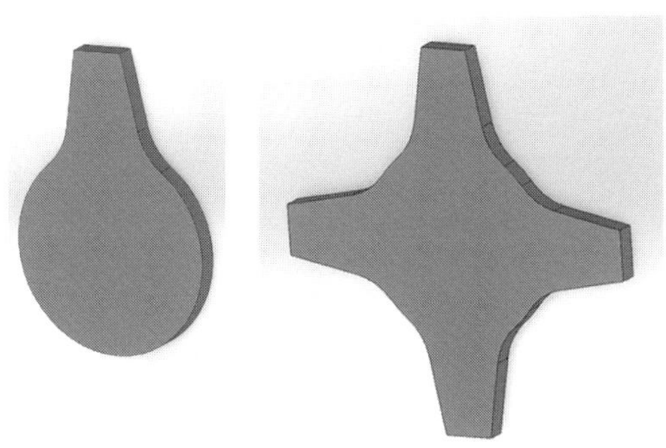

Example：できない例 2

下図(a)のフィーチャーを最初に一体化して作成した後，「押し出し」を用いて図(b)の形状を作成します．その後，上部の突起部分のみを「直線パターン」でコピーすることはできません．

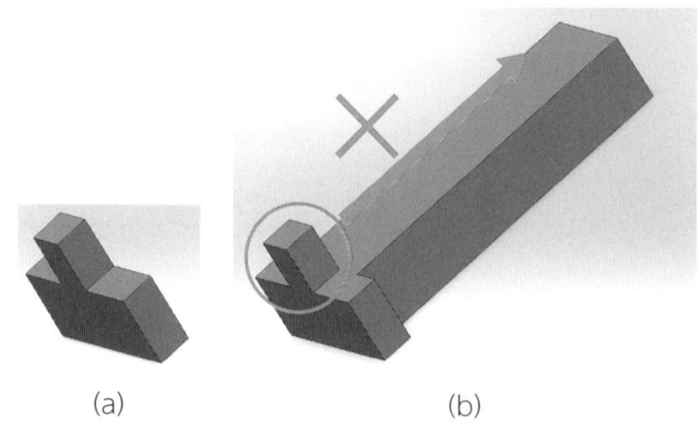

(a)　　　　(b)

! このように，一体で作成した一部分のみを指定してコピーすることはできません．

手順

最初の段階で，突起部分を一体で作成するのではなく，別でフィーチャー化しておき，直線パターンでコピーします．

- ジオメトリパターンを設定することで，対象のフィーチャーの形状そのものを忠実にパターン化，ミラー化することが可能．
- ジオメトリパターンを設定しても，フィレットを伴う場合には不可となる場合がある．
- パターンやミラーはあくまで指定したフィーチャーをコピーする機能であるため，一体で作成した一部のみを指定してコピーすることは不可．そのような場合には，コピーしたい部分を別フィーチャーにする必要がある．

テクニック 15 任意の位置に面を作成してスケッチに利用する：参照ジオメトリ

フィーチャー - その他

デフォルトの三平面以外に新規で平面を作成する

スケッチを描く際の基本となる平面はデフォルトの三平面（→ p.38）ですが，それ以外にも任意の場所に平面を作成し，スケッチを描くことができます．その機能が「参照ジオメトリ」です．

参照ジオメトリには「平面」「軸」「座標系」「点」の 4 種類がありますが，ここでは「平面」のみを扱います．

Example

右図のように，段つきの棒の先端部分にキー溝を作成します．

! キー溝の深さは先端の円の半径よりも小さいため，平面にスケッチをして押し出しカットはできません．また，棒の表面は曲面なので，こちらにスケッチを作成することもできません．

そこで，「参照ジオメトリ」を利用し，基準となる平面から平行に離れた位置に新たに平面を作成します．その平面にスロットをスケッチした後，押し出しカットを行います．

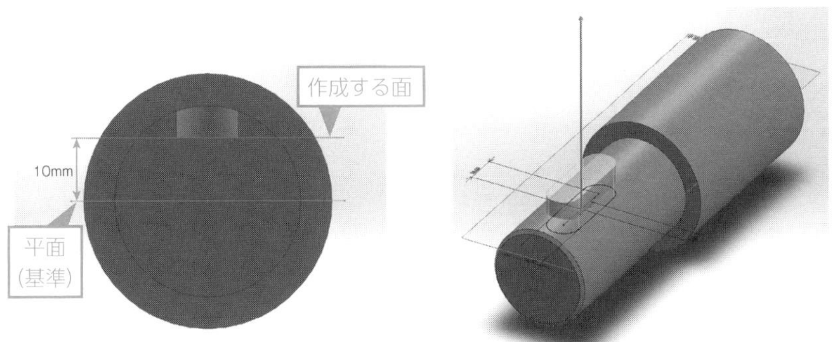

手順　参照ジオメトリで面を作成

「フィーチャー」→「参照ジオメトリ」→「平面」を選択

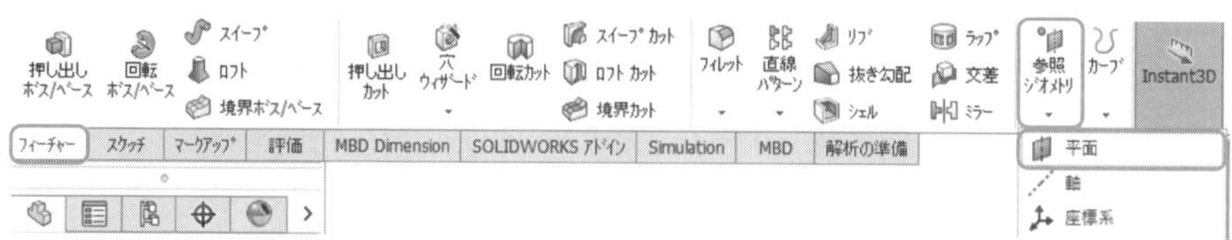

角度を指定した平面の作成

「参照ジオメトリ」により平面を作成する場合，平行だけではなく，垂直や指定角度をつけることもできます．

・平面の作成（平行）

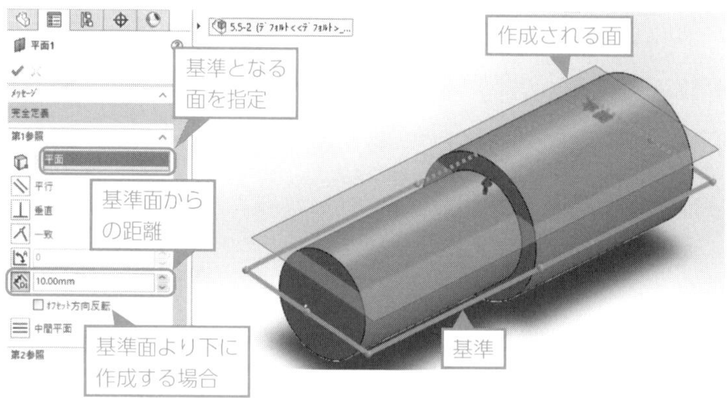

・平面の作成（中間平面 1）

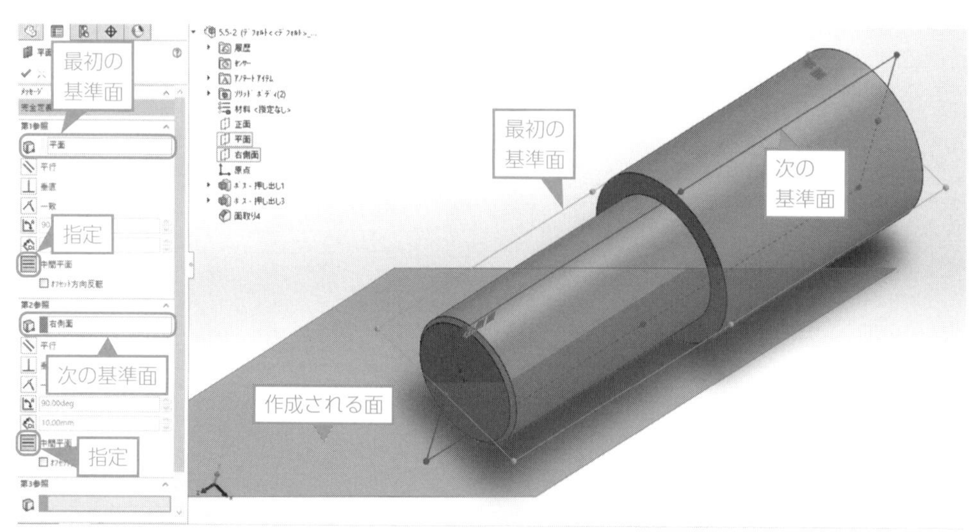

- 平面の作成（中間平面 2）

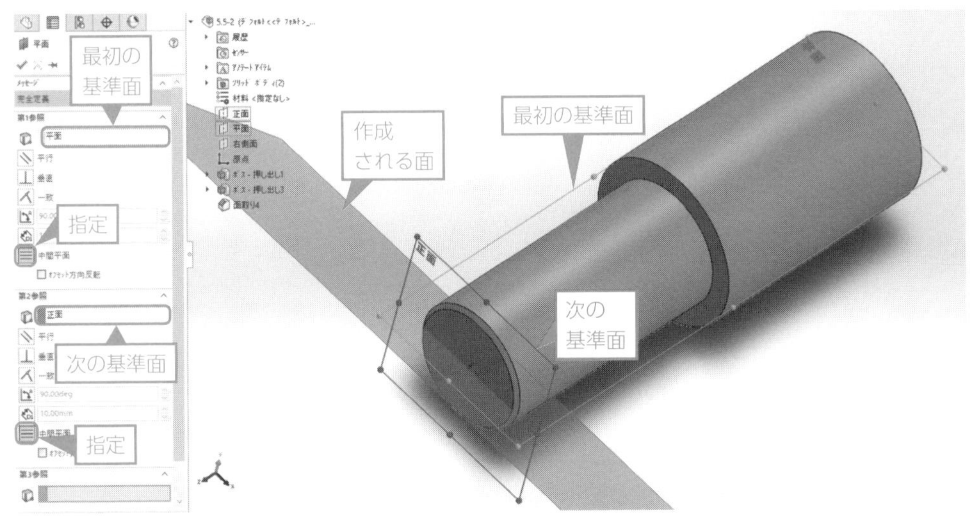

- 平面の作成（角度をつけた面）

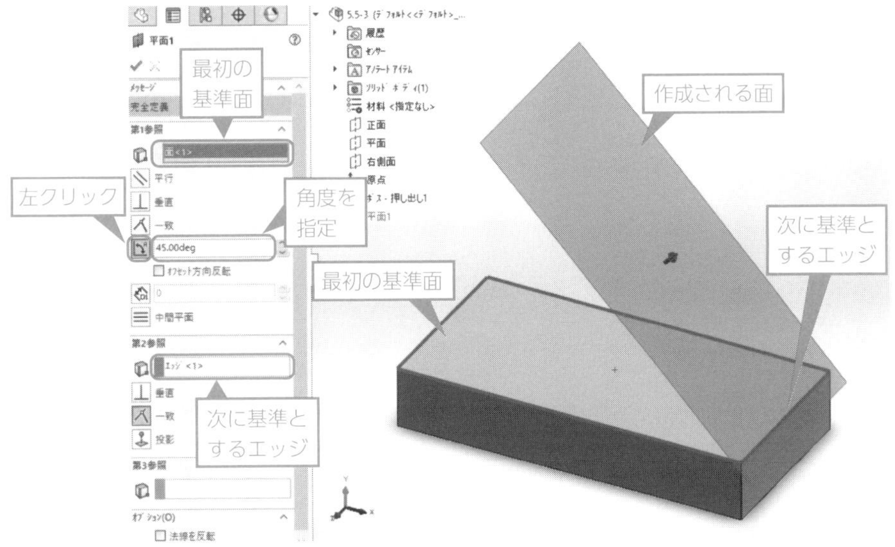

POINT 上図のように，面以外にエッジも参照可能です．

POINT デフォルトの三平面のどれかを指定する場合には，p.36 の「パターン化するフィーチャーの選択」の図の右側のツリーから選択します．エッジを選択する場合には，モデルから直接選択します．

- 新しく面を作成したいときは，参照ジオメトリを利用しよう．
- 平行な面や傾斜がついた面も作成可能．

テクニック **16**

厚みのある箱を作成する：シェル

フィーチャー - 便利なフィーチャー

特定の形状の作成に特化したフィーチャーを使い，作業の手間を減らす

一定の肉厚をもち，上部が開いた箱のようなモデルを「押し出しカット」で作成するとかなりの手間がかかります．「シェル」フィーチャーを使うことで，大きく手間が減らせます．

Example

「シェル」を用いて右図のモデルを作成します．

! 押し出しカットを利用すると 「エンティティ変換」→「エンティティオフセット」→「押し出しカット」という作業になり，手順が増えてしまいます．

手順

①「フィーチャー」→「シェル」を選択
②「パラメータ」に肉厚を入力
③モデル側で上面を選択
④✔を選択

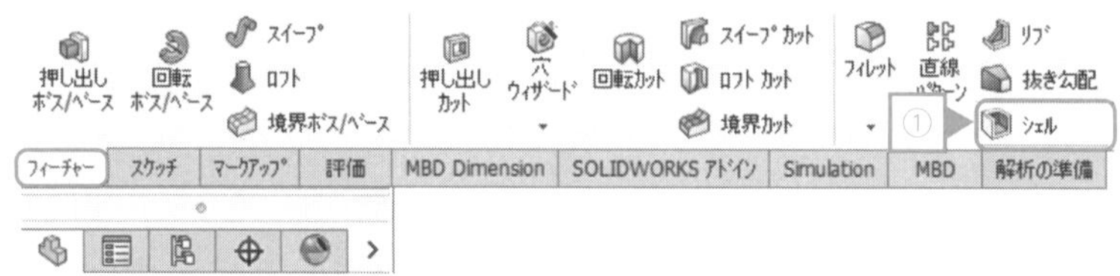

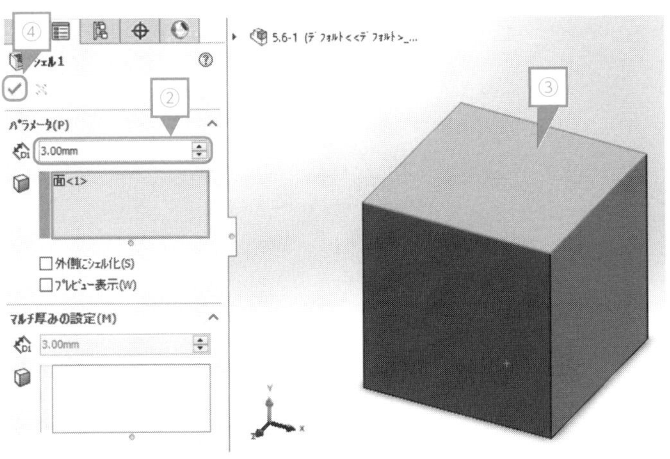

- 上が開いた箱のような形状を作成する場合は，シェルを利用しよう.
- 肉厚は全て同一寸法になる.

テクニック 17　素早く修正する：フィーチャー編集

フィーチャー - 修正が必要なときは…

ちょっとした修正の仕方を身につける

モデルを作成後，フィーチャー側でちょっとした修正を行うことがあります（寸法や状態など）．そのような場合には，「フィーチャー編集」を利用します．

手順

①Feature Manager 側で，編集したいフィーチャーまでマウスカーソルを移動
②「右クリック」→「フィーチャー編集」アイコンを選択
③数値など必要な箇所を修正
④✔を選択

・作成したモデルのフィーチャーを修正・変更する場合には「フィーチャー編集」を利用する．
・修正したいフィーチャーの指定は，Feature Manager 側で行う．

Chapter

3 アセンブリの中級テクニック

テクニック 18 「合致」の種類を知る

アセンブリ - 「合致」を使いこなそう

多様な合致設定を知る

多様な状態に対応できるよう，さまざまな「合致」が存在します．「標準合致」はその名のとおり標準的なものであり，「一致」「平行」「垂直」「正接」「同心円」などが多く利用されます．

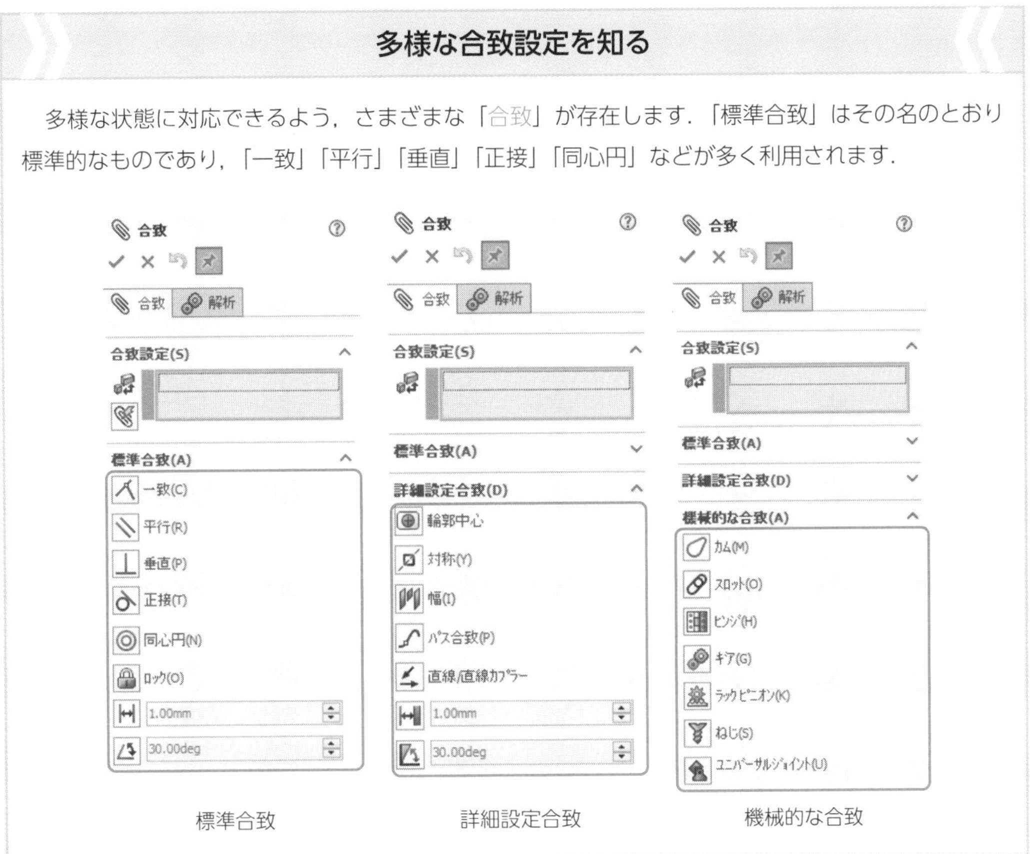

標準合致　　詳細設定合致　　機械的な合致

! 本書では「標準合致」のみを扱います．それ以外の合致については Help を参照する，実際に試してみるなど，必要に応じて確認してください．

- 合致には「標準合致」「詳細設定合致」「機械的な合致」の 3 種類がある．
- 「標準合致」で一般的なほとんどの作業が可能．
- アセンブリ後に回転や移動を伴う部品があるなど特殊な場合には，「機械的な合致」が必要になることもある．

テクニック 19

合致の状態を細かく指定する

アセンブリ -「合致」を使いこなそう

合致を使いこなし，思い通りに組み立てられるようになる

合致条件を決めた後に,「合致の整列状態」の条件を追加します．意図しない形で合致されてしまった場合は，整列状態を変更して修正します．

Example

右図ように，板の穴とブラケットの穴とに「同心円」の合致がついています（標準的な設定）．この状態から，合致の整列状態を変更します．

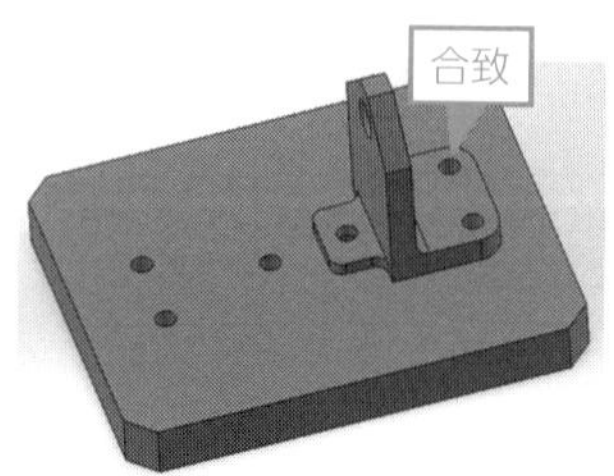

手順

①合致の設定画面を確認
　→左側のアイコンが選択されている
②右側のアイコンを選択
　→ブラケットが上下逆になる

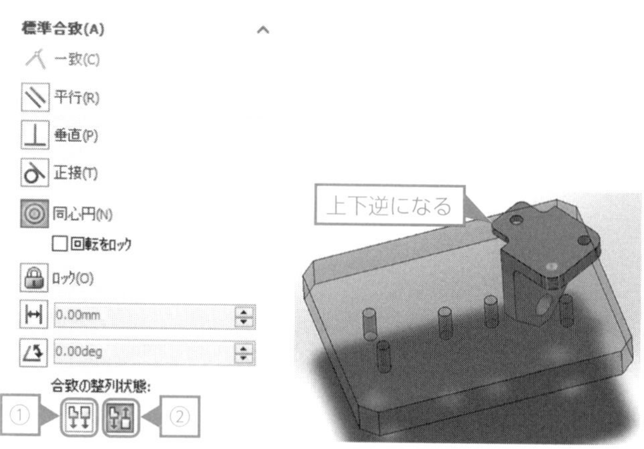

POINT 合致の整列状態を変更することで，「同心円」という状態は保持したうえで状態を変更することが可能になることがわかります．

! この例では標準の設定（左側のアイコン）のほうが望ましい結果になりましましたが，意図しない状態になった場合には，「合致の整列状態」を変更することで解消可能な場合もありますので，覚えておきましょう．

・合致の整列状態を変更することで，設定した部品の配置の状況を変更できる．
・意図しない状態になったときは整列状態も確認すること．

テクニック 20　合致の注意点を理解する

アセンブリ - 「合致」を使いこなそう

合致を使いこなすための注意とコツを理解する

設定する手間やつけ直す場合の手間を考えると，合致を多くつければよいというものではありません．適切な合致を，最低限必要な数だけ，手早くつけられるようにしましょう．

合致のつけ方

! 合致をつける際には，一つずつ確認しながら丁寧に行う

一度にまとめて行うと，どうしても間違いやモレが生じます．合致をつける箇所が多くなればなるほど，間違いを探すための時間もかかり，修正作業もまた非常に時間がかかります．

! 必要最低限の合致にとどめ，むやみに無駄な合致をつけない

つける合致が多いほど，間違いを探すための時間も増えます．また，ほかの部品に交換する場合にはその部品に関する合致をすべて外すことになり，非常に手間がかかります．

合致をつける箇所の選択

! できるだけ「面」を選択する

基本的に「面」と「面」を指定するようにしましょう．「線」と「面」との選択も可能ですが，そのためにより多くの合致をしてしなくてはならなくなる可能性があります．

! 拡大，縮小，回転を活用する

穴や小さい部品に合致をつける場合は，拡大すると選択しやすくなります．また，視点を回転させないと選択できない場合があります．合致のための面をすばやく選択できるように，これらをうまく活用しましょう（→テクニック 42）．

合致の大別

• 完全に固定するための合致

全自由度を取り去る合致であり，双方が完全に動かないようにするための合致です．

• 動かすための合致

動く自由度を残す合致であり，リンクを用いた回転などがそれに相当します．

テクニック 21 部品の重なりを確認する：干渉認識

アセンブリ - 部品どうしがぶつかっている？

正常に組み立てられるかを確かめる方法を身につける

「干渉認識」とは，部品どうしが干渉していないかどうかを確認するための機能です．もし干渉していれば部品を設計し直し，再度確認を行います．干渉が解消されるまでこの作業を繰り返します．

手順

①「評価」→「干渉認識」を選択
②「計算」を選択
③「結果」欄に干渉結果が表示される

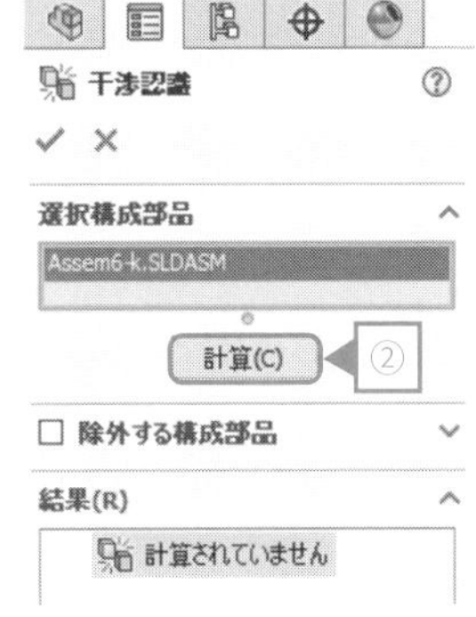

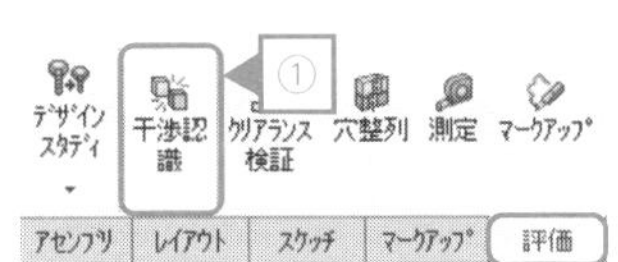

• 干渉していない場合
右図のように，「干渉部分なし」と表示されます．

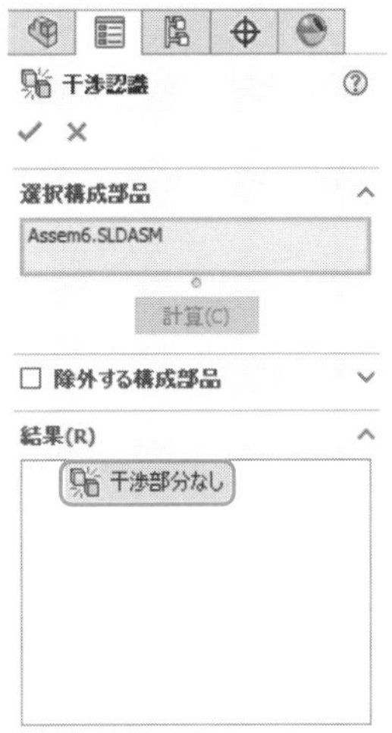

• 干渉している場合

突起部分が下のベース部分の板にめり込んで（干渉して）いることが，下図の「結果」からわかります．

このままでは正常に部品を組み付けできません．

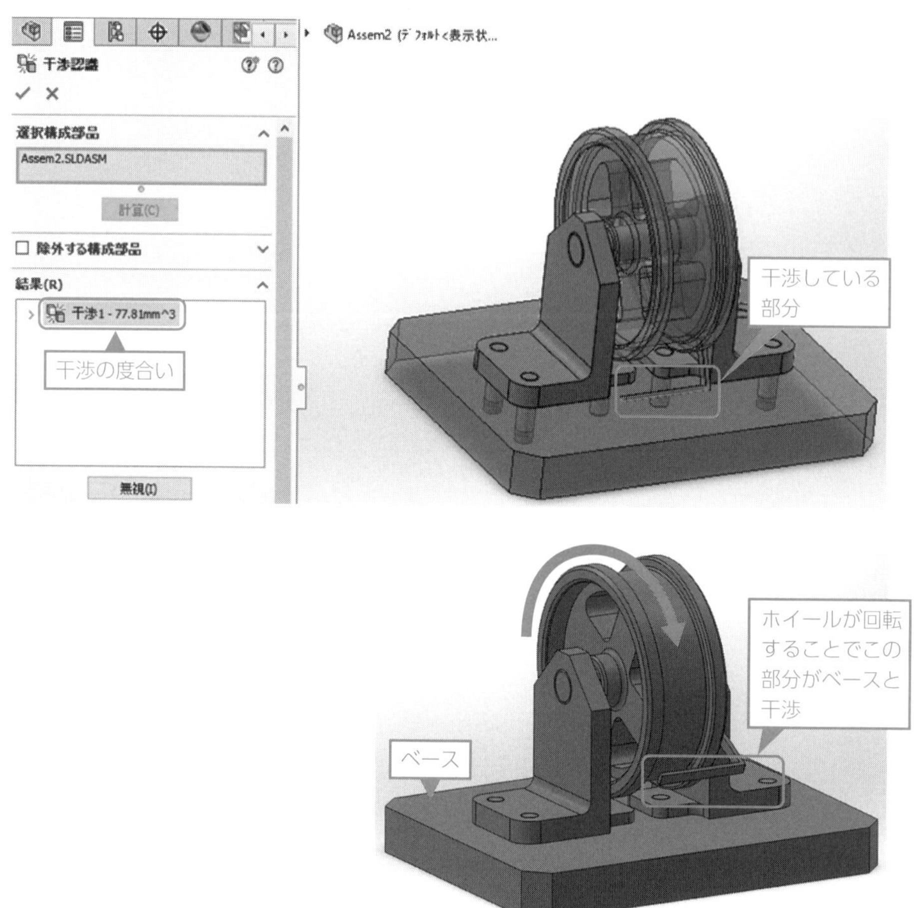

テクニック 22 アセンブリの履歴を確認する

アセンブリ - その他

使用した部品や合致を素早く確認し，作業効率を上げる

修正すべき部品を探す場合や，適切な合致がなされているかどうかを確認する場合など，部品が多くなればなるほど，どのような部品を読み込み，それらにどのような合致をつけたのかがわかりにくくなります．そのようなときは，アセンブリの履歴を確認し，必要に応じて修正しましょう．

手順 部品と合致の確認

① Feature Maneger に表示されている部品類を確認

②「合致」の横の▶をクリックし，合致の一覧を確認

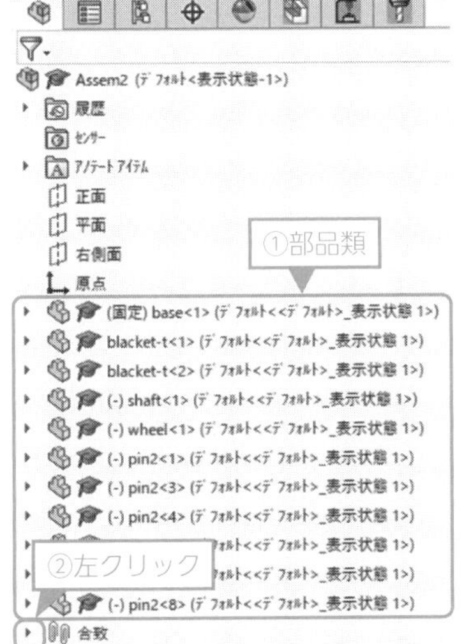

手順 合致設定の変更

①変更したい合致の箇所で右クリック

②フィーチャー編集のアイコンをクリック

③設定を変更

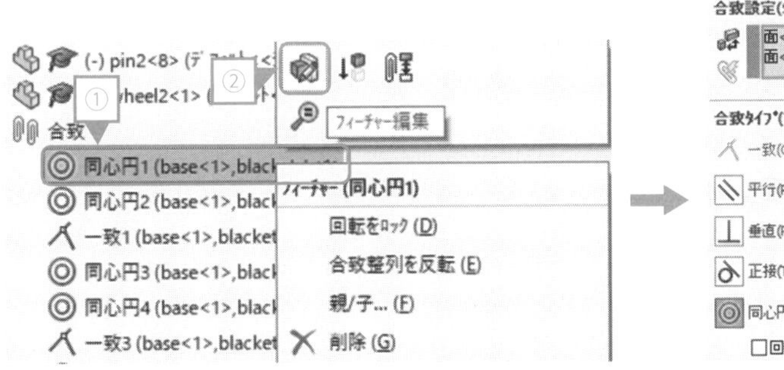

テクニック 23 隠れた部分を表示させる

アセンブリ - ごちゃごちゃして見にくい！

重なって見えない／見にくい箇所を表示させ，作業しやすくする

部品数が多くなればなるほど，合致をつける部品が見づらくなったり，奥まった箇所の状態を変更しづらくなったりしがちです．「構成部品非表示」「透明度変更」「抑制」の機能を使うことで，現在の作業に関係ないものを一時的に消去することができます．

Example

右図において，車輪の部品を一時的に隠して，車輪を固定している軸の形状，合致の状態を確認します．ここでは「構成部品非表示」／「透明度変更」および「抑制」を利用します．

！ 軸に大きな車輪がついているため，そのままでは確認できません．

手順　構成部品非表示／透明度変更

①非表示にする部品を右クリック→「構成部品非表示」／「透明度変更」アイコンをクリック →該当部品が非表示になる

②再度表示する際は，再度 Feature Manager の該当部品を右クリック→「構成部品非表示」または「透明度変更」アイコンをクリック

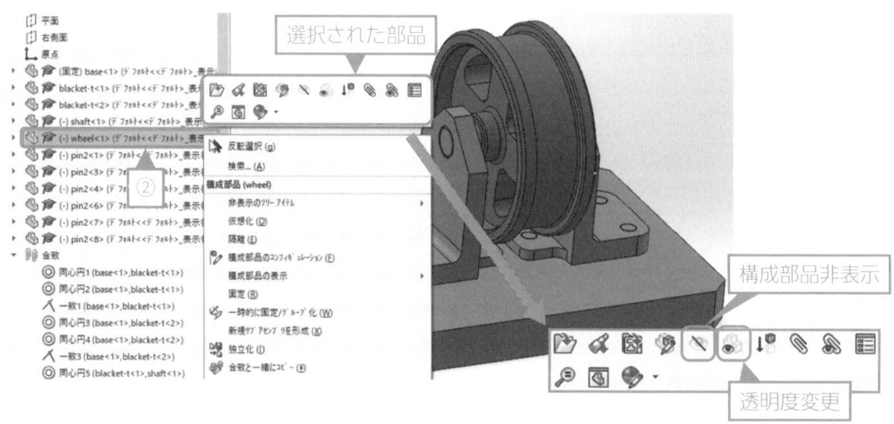

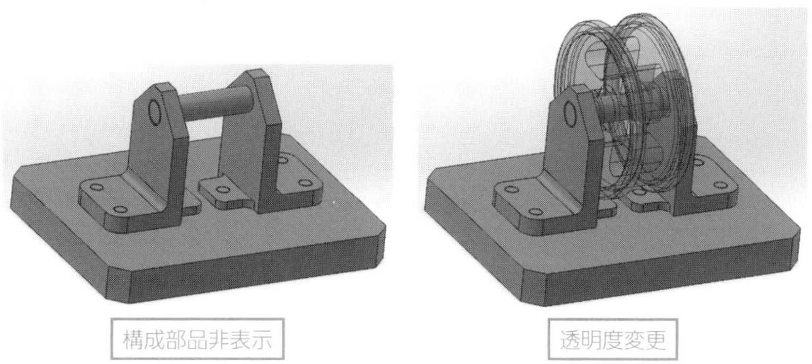

手順 **抑制**

基本的には「構成部品非表示」「透明度変更」の場合と同様で,「抑制」アイコンを使用します.

POINT モデル側において該当部品が表示されない点は「構成部品非表示」の場合と同様ですが,「抑制」の場合は,Feature Manager 側では該当部品がグレーで表示されます.

それぞれの方法の違い

・構成部品非表示,透明度変更:部品どうしの合致状態などは保持したまま,あくまで該当部品の表示を変更
・抑制:その部品の合致状態も含めて一時的に除外する

! 「抑制」した後でも Feature Manager 側には表示されるので,「抑制」を解除することは可能です.

POINT 「抑制」の使用機会は多くありません.合致の状態が複雑になりすぎた場合に,一時的に「抑制」を行って他の部品の合致を先に確認するなどの特殊な場合のみに利用すると考えておけば十分でしょう.

・アセンブリを効率的に行うには,「構成部品非表示」あるいは「透明度変更」が便利.
・「構成部品非表示」「透明度変更」を使用しても,合致の状態などは保持される.
・「抑制」は合致状態も含めて一時的に除外する場合のみ使用する.

テクニック 24　アセンブリを素早く修正する

アセンブリ - 修正が必要なときは…

アセンブリした部品の修正の仕方を身につける

部品どうしが干渉しているときなどは，その部品を修正したたうえで再度アセンブリします．アセンブリの画面上で「部品読み込み」→「修正」→「アセンブリに反映」を繰り返すことで効率的に再設計できます．

手順

①変更したい部品を右クリック→「部品を開く」アイコンを選択
②モデルを修正し，保存
③アセンブリのウィンドウを表示
④新たに表示されるウィンドウで「はい」を選択

POINT 部品の修正を自動的に判別しているため，アセンブリへの適用も自動的に行われます．

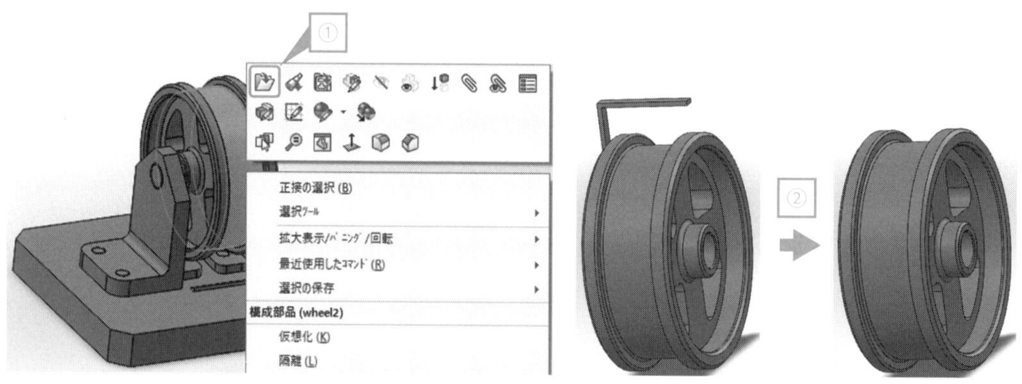

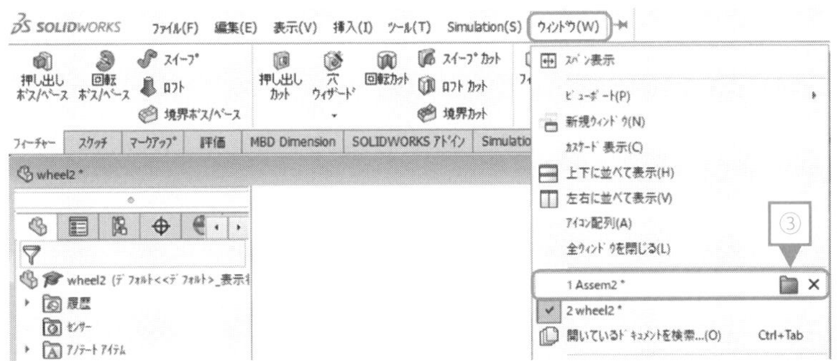

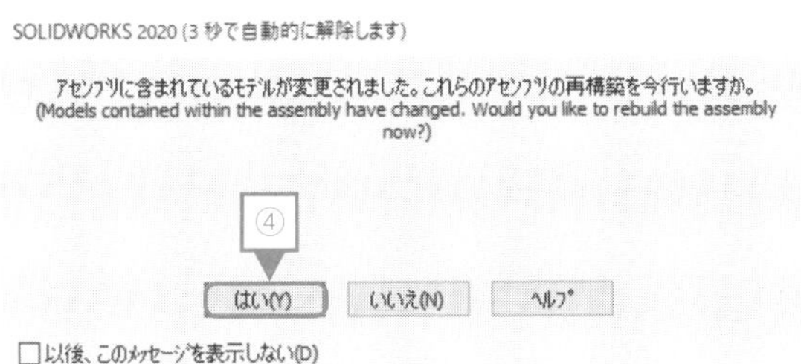

・アセンブリ画面で構成部品のみを開いて部品を修正し，その修正結果をアセンブリに即座に反映させることができる．

テクニック 25 アセンブリファイル一式をまとめて出力する：Pack and Go

アセンブリ - その他

部品が多いファイルでも，過不足なくデータの受け渡しを行う

データを他者に渡すときは，アセンブリファイルに加えてすべての部品ファイルを用意しなければいけませんが，部品類が多いと全体を把握するのが困難です．

SOLIDWORKS には，必要なファイルを一まとめにして出力する機能「Pack and Go」があります．

受け渡しに必要なファイル一式

・アセンブリファイル（.SLDASM）
・読み込んだすべての部品ファイル（.SLDPRT）

! アセンブリファイルと部品ファイルは同一フォルダ内に存在しなければいけません．

手順

①「ファイル」→「Pack and Go」を選択
②新しく表示されるウィンドウで「保存先フォルダ」を指定
　または，「保存先 Zip ファイル」を指定してファイル名を付加
③「保存」を選択

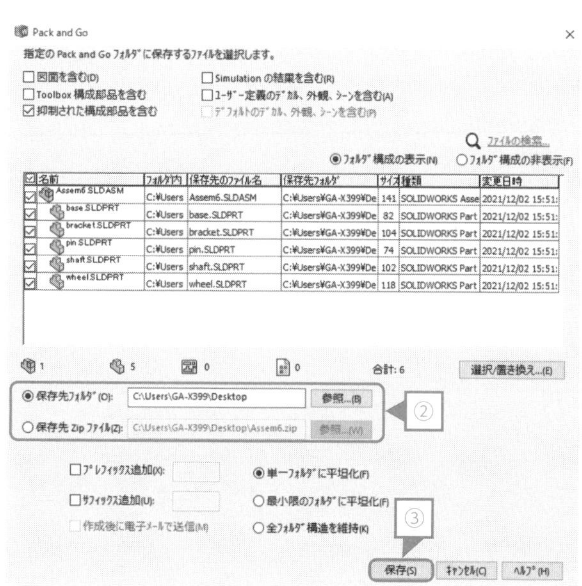

 保存先フォルダを選択するとすべてのファイルが一つのフォルダに出力されます.

- アセンブリファイルのやりとりには,「Pack and Go」が便利.
- 保存先 Zip ファイルを選択すると,すべてのファイルを一つの圧縮ファイルとして出力できる.

上級テクニック

Chapter 4 スケッチの上級テクニック

テクニック 26 幾何拘束を積極的に利用する

スケッチ - 幾何拘束を使いこなそう

幾何拘束の使い方をマスターし，修正しやすい図面を描く

幾何拘束は，スケッチとして描いた線（直線や曲線）や図形（円や四角）どうしの幾何学的な位置関係を定義するものであるため，設計変更により各部の寸法が変わってもその関係性は保持されます．それにより，修正時に関連寸法を逐一修正する手間を省けるうえ，図面もシンプルで見やすくなります．

Example

右図(a)において，円の位置は横幅の中心で，かつ高さの中心です．

横方向の線の中心と円の中心に対して「鉛直」を，縦方向の線の中央と円の中心に対して「水平」の拘束をつけると，矩形の横幅のみ，高さのみ，あるいはその両方を変更しても円と矩形の位置関係は崩れません．

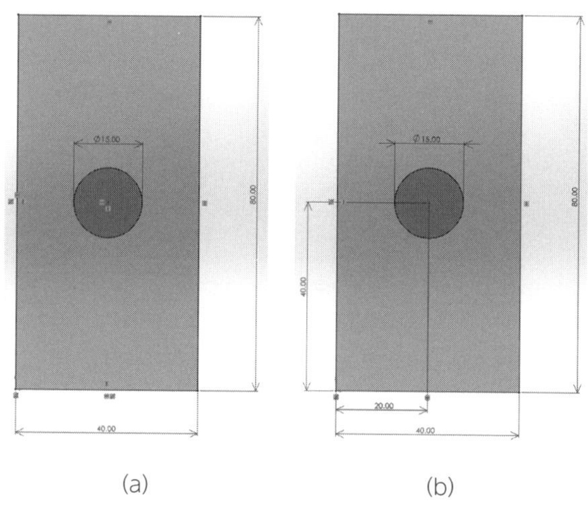

(a) (b)

! 右図(b)のように寸法を入れている場合は，関係を指定する寸法をすべて変更する必要があります．

手順

①中心を探したい線の上までマウスカーソルを移動
②中心を探したい線がオレンジ色になったら，マウスの移動を中止
③中心付近に黄色い点が出現するので，その点を選択
④「Ctrl」キーを押しながら円の中心を選択
⑤幾何拘束（水平，鉛直など）を選択

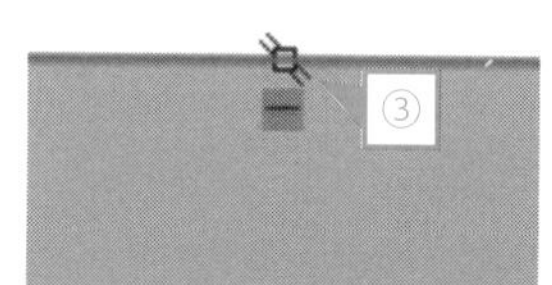

POINT 上記の図(a)と図(b)とを比較すると，図(a)のほうが

・図面として見やすい

・修正すべき寸法が少ない

ことがわかります．

POINT ものづくり現場において，設計は一度で終わるものではありません．モデルの修正をいかに簡単かつ効率的に行うか，という点は非常に重要です．

・幾何拘束を積極的に利用することで，修正時の手間が少なくなり，結果として作業時間が短縮できる．

Exercise

右図に示すスケッチを，幾何拘束を多用して必要最小限の寸法を入れた図に変更しましょう．

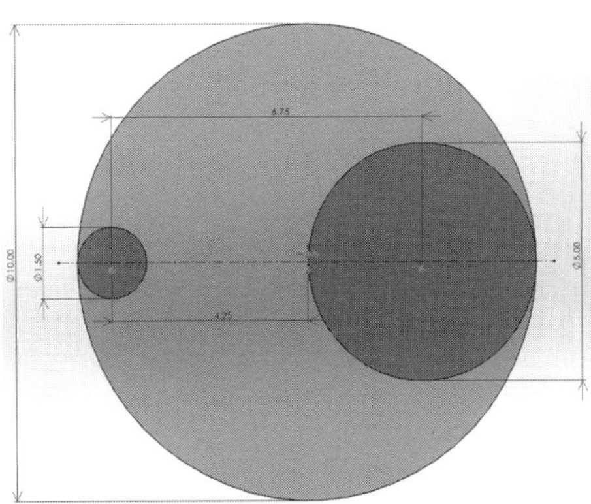

! 現段階ですべての円の中心は一直線上になるような幾何拘束（水平）が付与されています．また，一番大きい円の中心と座標原点とは一致しています．

解答例

POINT 幾何拘束として正接を利用します．

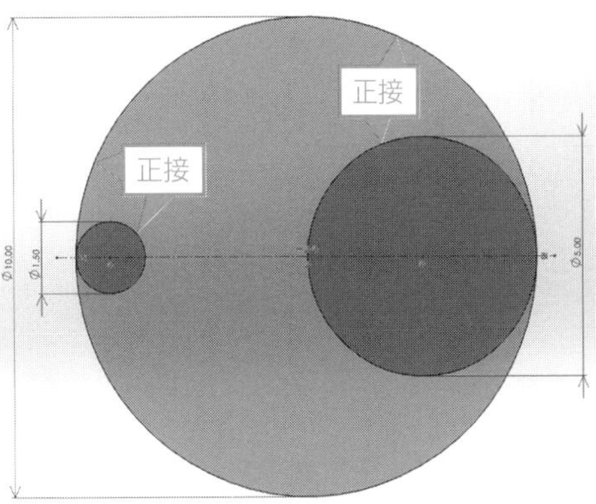

Chapter 4 テクニック 26

テクニック 27 中心線を用いて対称設定する

スケッチ - 幾何拘束を使いこなそう

「対称」を利用して，シンプルな図面を描く

中心線に対して左右対称となるスケッチを作成する場合が多くあります．幾何拘束「対称」を設定することで，寸法の入力の手間を減らし，シンプルで修正しやすい図面が描けます．

Example

右図(a)は，中心線に対して左右対称です．

「対称」の幾何拘束をつけると，たとえば上辺の左側の水平寸法（40 mm）を変更しても，左右対称条件を満たすように右側も自動的に変更されます．

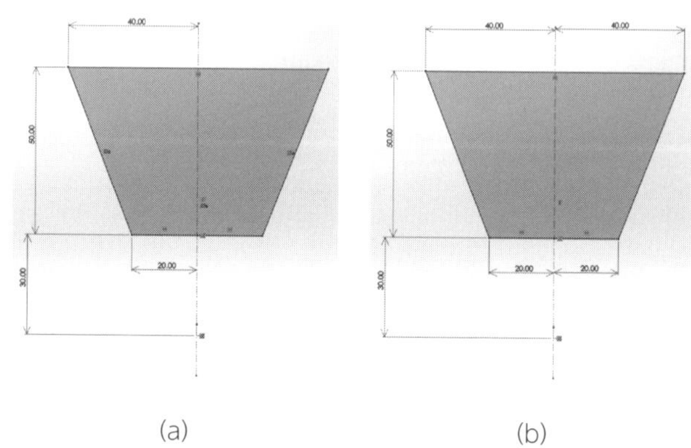

(a)　　　　(b)

! 右図(b)のように寸法で設定すると，もともとの入力箇所が増えるうえ，修正の際には左右両方を直さなければいけません．

手順　中心線に対して対称の幾何拘束を適用

①とりあえず，適当に作図

②中心線を選択

③「Ctrl」キーを押しながら，対称設定を行う 2 本の線を選択

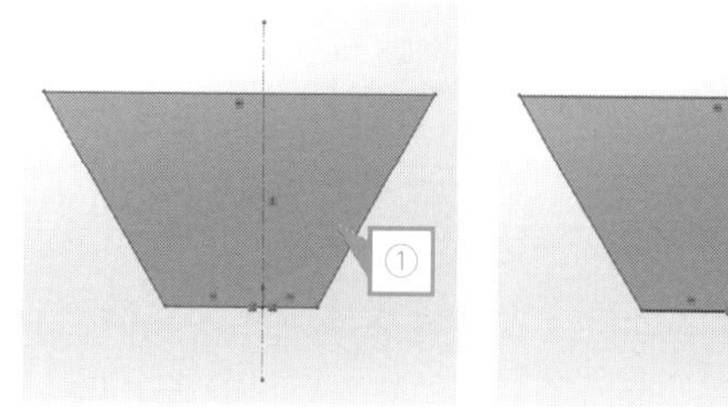

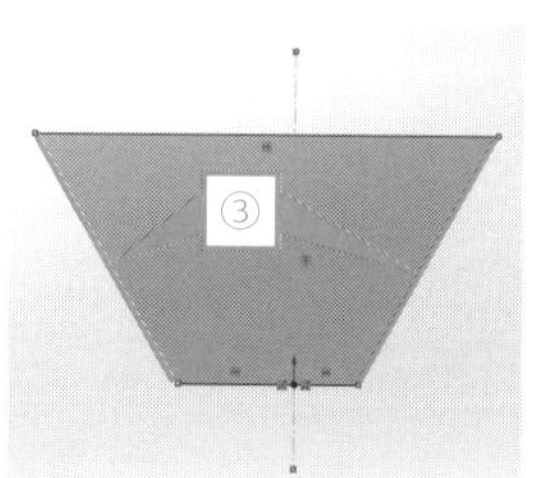

④「拘束関係追加」において,「対称」を選択
⑤✔を選択
→ここまでの操作で左右対称になる
⑥最低限必要となる寸法を指定し,スケッチを完全定義化

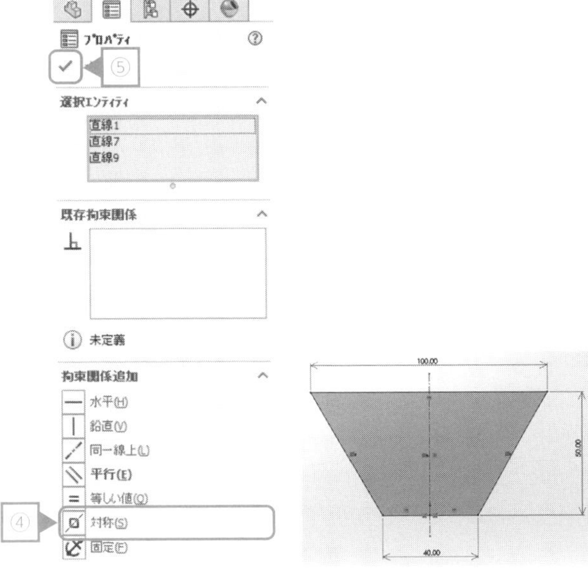

・左右対称となる形状の場合，幾何拘束「対称」を利用すれば必要最低限の寸法のみを指定すればよい．

Exercise

右図に示すスケッチを，幾何拘束を多用して必要最低限の寸法を入れた図に変更しましょう．

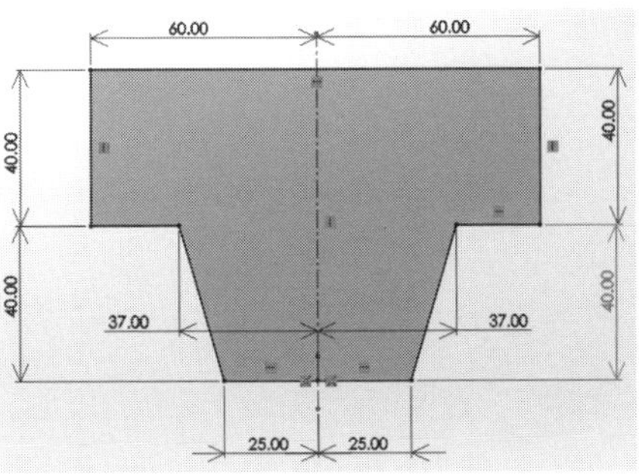

解答例

POINT 細かい点では，ほかの幾何拘束のつけ方もあります．

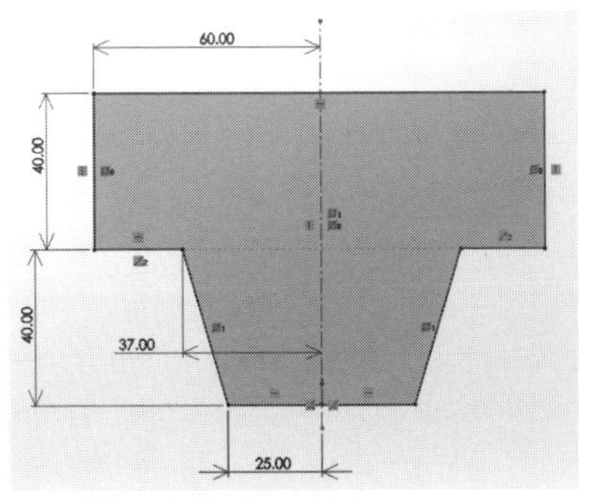

Chapter 4 テクニック27

テクニック 28 一筆書きでスケッチする

スケッチ - 一筆書きで素早くスケッチ

一筆書きを使った効率のよいスケッチ方法を身につける

いわゆる一筆書きで描くことができる形状であれば，矩形や円のスケッチを組み合わせて作図するよりも簡単に手早くスケッチできます．

Example

右図のように，長方形と半円を組み合わせたスケッチを行います．
直線→円弧→直線と一筆書きすることで，効率よく作図します．

POINT 入門書では右図のように「長方形→円→トリム」で作図する手順が書かれていますが，それよりも手早くスケッチ可能です．

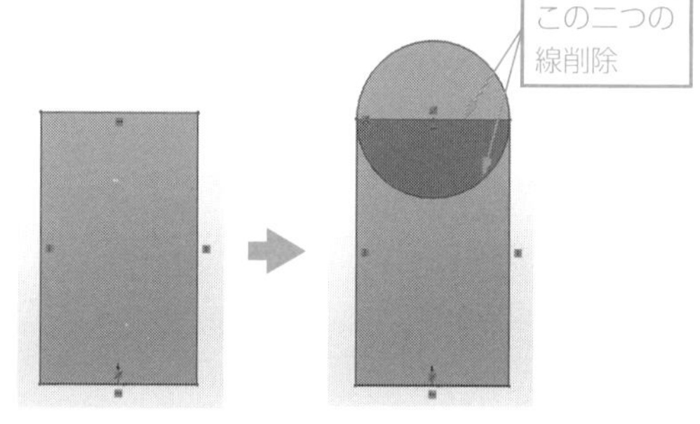

手順 直線⇔円弧の切り替え

①直線を引き，円弧に変更したい点で左クリック
②「A」キーを押す
→円弧が描けるようになる
③円弧を描く
④円弧の終点で左クリック後，再度「A」キーを押す
→再び直線が描けるようになる

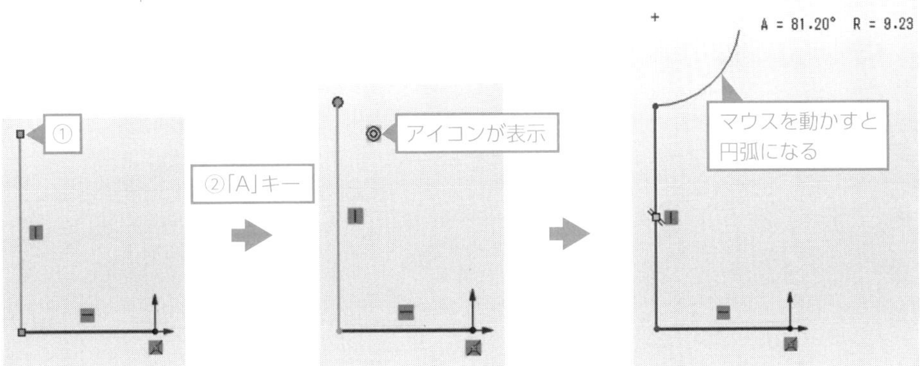

! 円弧には上に凸と下に凸の 2 種類あります．上図のように下に凸の形状になっている場合は，上に凸に変更しなければいけません．

手順　円弧の状態の切り替え

③′「A」キーを押して直線の状態に戻したうえで，再度「A」キーを押す
→下に凸と上に凸が切り替わる

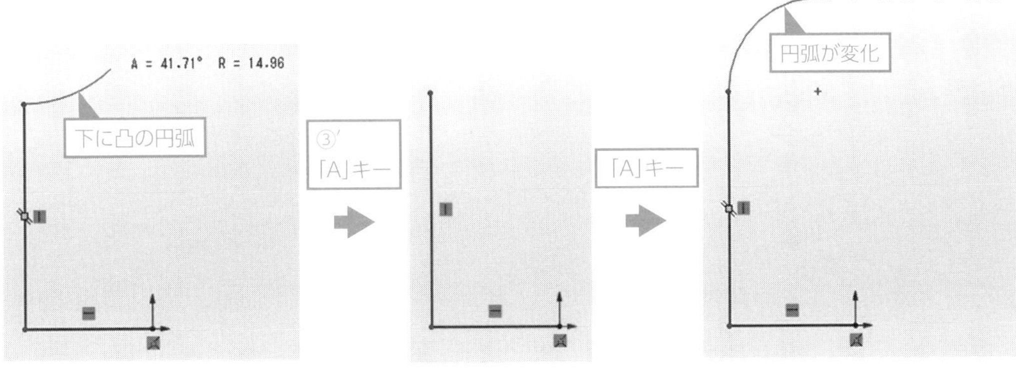

- スケッチ作図における直線と曲線の切り替えは，「A」キー．
- 円弧の状態（上に凸と下に凸）の変更も，「A」キー．

Exercise

右図のスケッチを一筆書きで描きましょう（図は左右対称です）.

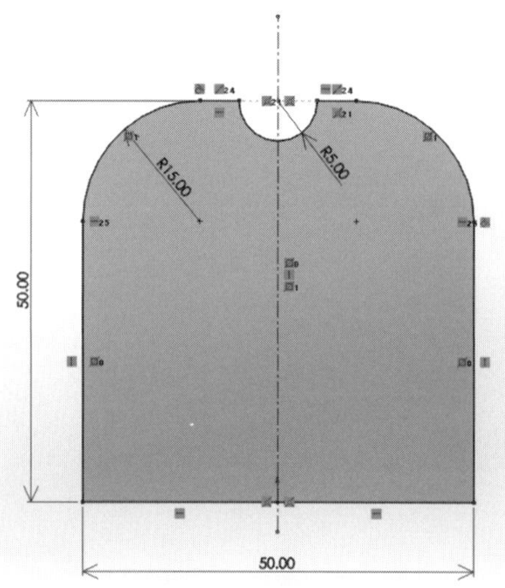

解答略

POINT 一筆書きで外形を作成した後，中心線を描いて対称設定を利用します．

テクニック 29

「トリム」時の注意点を理解する

スケッチ - その他

「トリム」を使いこなすための注意とコツを理解する

最初から幾何拘束が付与されている図形に対して追加の作図を行い，トリムを用いて余分な線を消去すると，相互の関係が崩れるため，結果的に幾何拘束が自動的に解消されてしてしまうことがあります．そのような場合，元のスケッチが完全定義化されていても一部が完全定義されていない状態（スケッチの線が青の状態）に戻ってしまいます．この点をきちんと理解しておかないと，完全定義がなされていない状態でそのまま作業を進めたり，寸法や幾何拘束を再設定したりすることになり，かえって手間がかかります．

最初から幾何拘束が付与されているスケッチ

「矩形中心」や「多角形」などは，最初から複数の幾何拘束が付与されています．

POINT パターン化の拘束：スケッチで正接の拘束に対し，「円形パターンコピー」を適用しています．

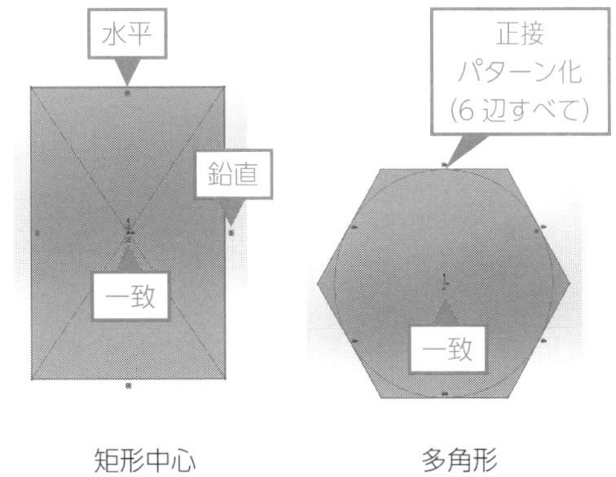

矩形中心　　多角形

Example

長方形と半円を組み合わせたスケッチを行います．
長方形の作図には，「矩形中心」や「矩形コーナー」を利用します．

手順　「矩形中心」を利用した場合

①円弧の下半分と直線を削除
→直線と円弧との幾何拘束関係が崩れる

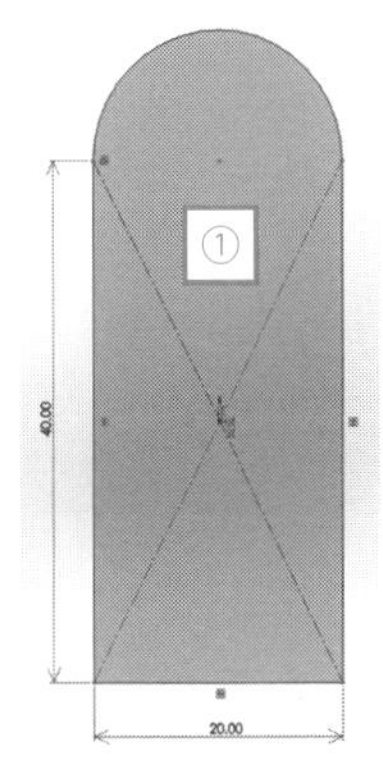

この場合は，四角側上部の関係性が崩れます．つまり，右図のように変形する可能性があります．

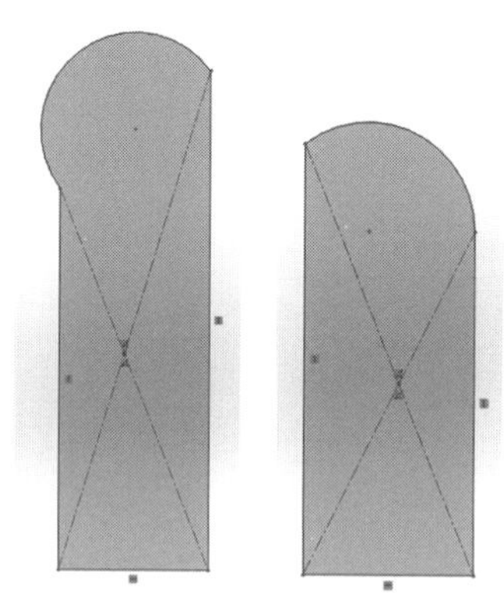

②以下の二つの方法のいずれかを行う（指定寸法を少なくし，幾何拘束の付与も最小限とする場合を想定）

• 方法 1

③左右の線の上部端の点に対して，「水平」の幾何拘束を付与

④円の中心と③で指定した点（左右どちらの点でもよい）に対して，「水平」の幾何拘束を付与

⑤垂直の線の長さ，水平の線の長さ（円弧の半径でもよい）をスマート寸法で指定

⑥右下の点と座標原点に対して「一致」の幾何拘束を付与→完全定義化

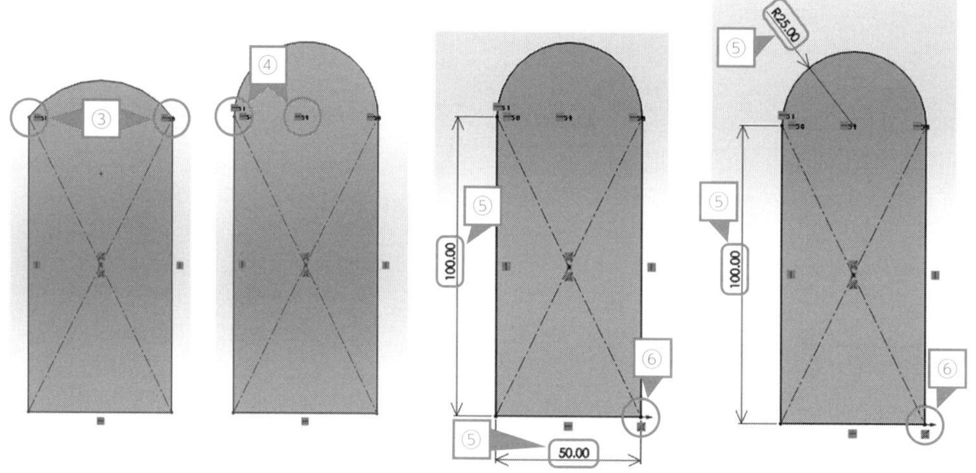

• 方法 2

③′ 垂直方向の線と円弧に対して，「正接」の幾何拘束を付与（左右どちらにも必要）

④′ 垂直の線の長さ，水平の線の長さ（円弧の半径でもよい）をスマート寸法で指定

⑤′ 右下の点と座標原点に対して「一致」の幾何拘束を付与→完全定義化

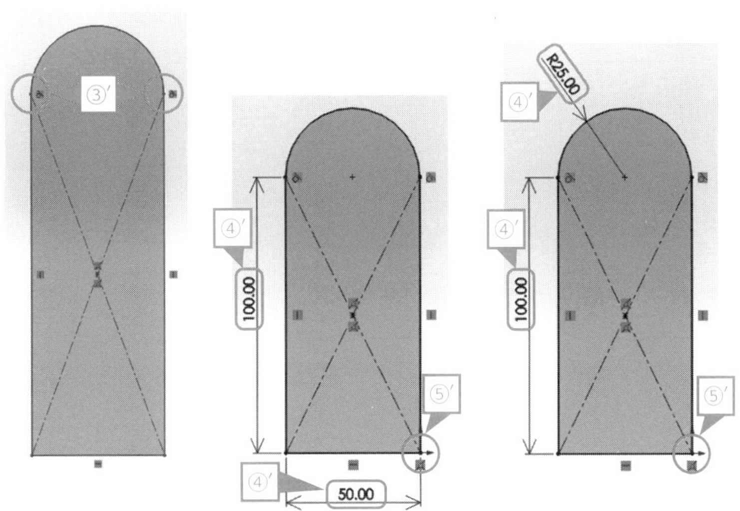

POINT　この例では，幾何拘束としては三つ追加するだけでよいことになります．このくらいの手間であれば，スケッチの作業としては問題ありません．

Chapter 4 テクニック29

手順　「矩形コーナー」を利用した場合

①円弧の下半分と直線を削除

→直線と円弧との幾何拘束関係が崩れる

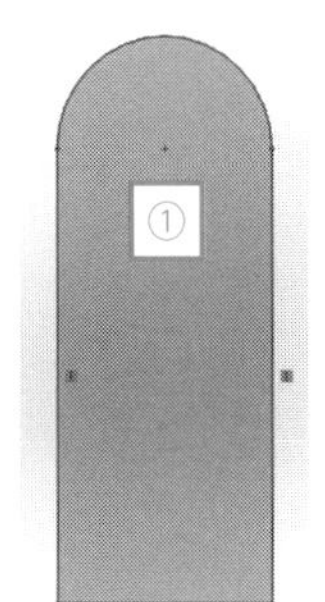

! この場合，四角側上部の関係性が崩れます．つまり，右図のように図が変形する可能性があります．

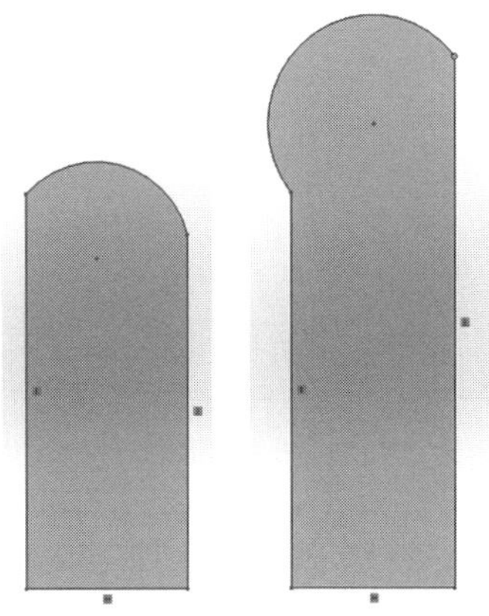

②以下の二つの方法のいずれかを選択（指定寸法を少なくし，幾何拘束を利用する場合を想定）

※それぞれの手順は「矩形中心」の場合と同様

• 方法 1

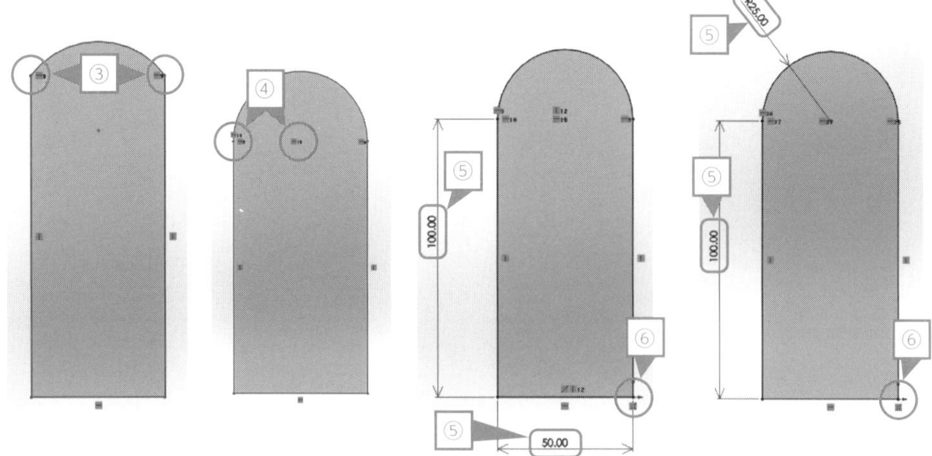

• 方法 2

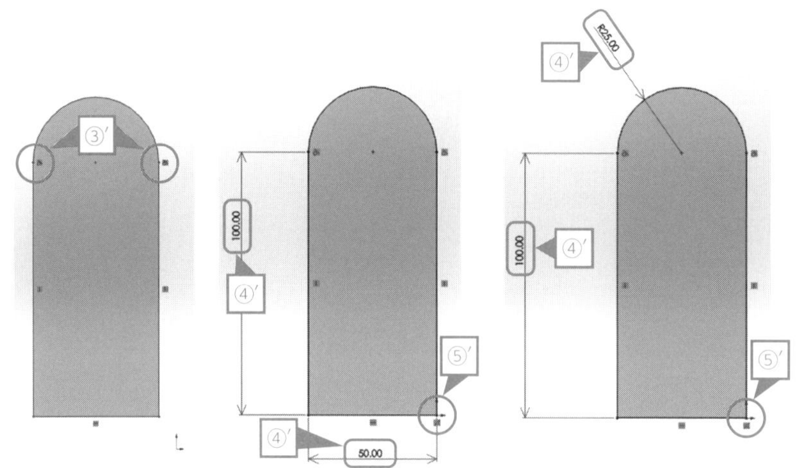

POINT 「矩形中心」「矩形コーナー」のどちらの場合でも，トリム利用時には幾何拘束の一部が削除されることがわかります．

! 「矩形中心」「矩形コーナー」のどちらを利用するかは，座標原点をどこにとるのかにも密接に関係します（座標原点と矩形の中心を一致させたい場合，「矩形中心」の利用が有効です）．

- トリムを用いて特定の線を消去した場合，スケッチにおける線と図形との相互関係が崩れる．その結果，幾何拘束も自動的に削除される．
- それにより，元のスケッチが完全定義化されていても一部が完全定義されていない状態（スケッチの線が青の状態）に戻ってしまう．

Exercise

右図のスケッチのように，トリムで内部の線を消去します．幾何拘束や寸法を追加して完全定義化しましょう．

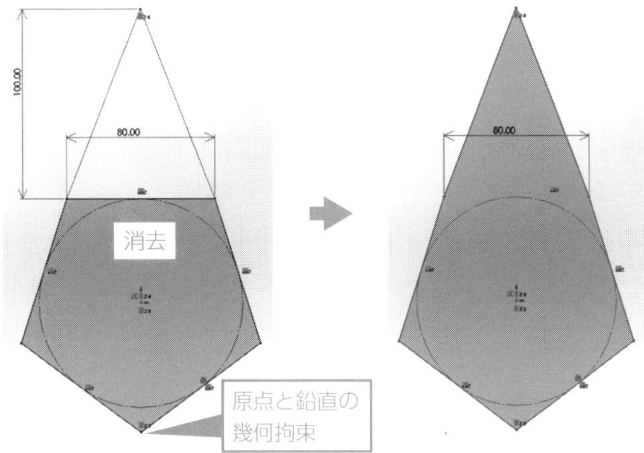

解答例

POINT 下図のように，寸法を二つ，幾何拘束を一つつけます．

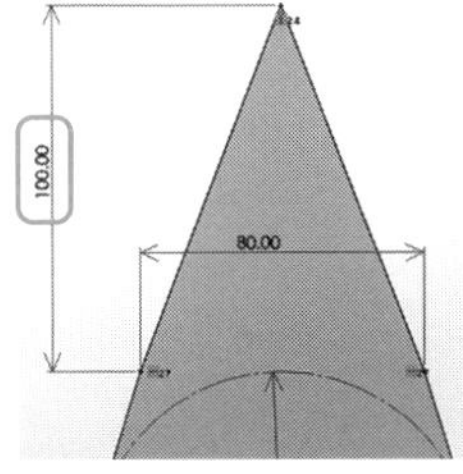

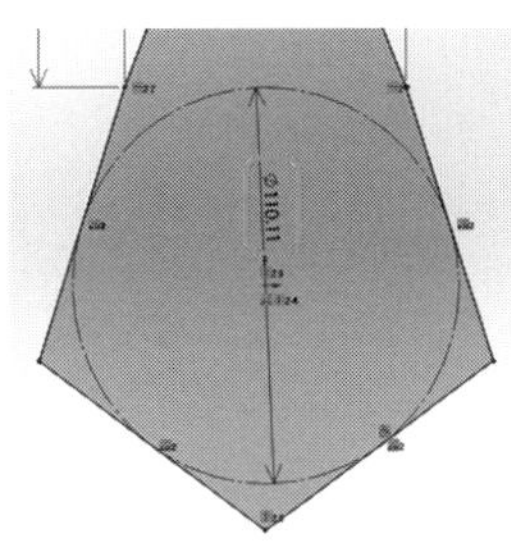

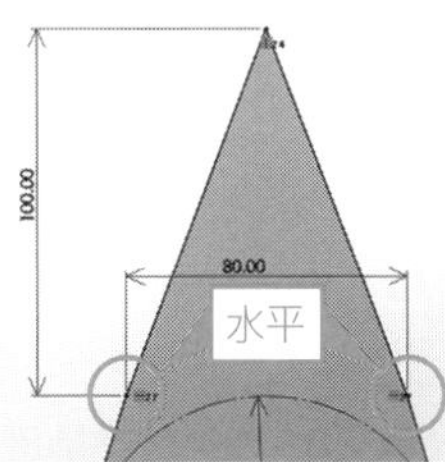

テクニック30 水平，鉛直な直線を引く

スケッチ - 一筆書きで素早くスケッチ

あらかじめ幾何拘束がついた直線を引くことで，作業を効率化する

直線を引くと，とくに注意しない限り斜め線になります．そのため，水平，鉛直な線にするためには，後から幾何拘束を付与する必要があります．

あらかじめ「水平」や「鉛直」の幾何拘束が付与された直線を引くことで，作業の手間を減らせます．

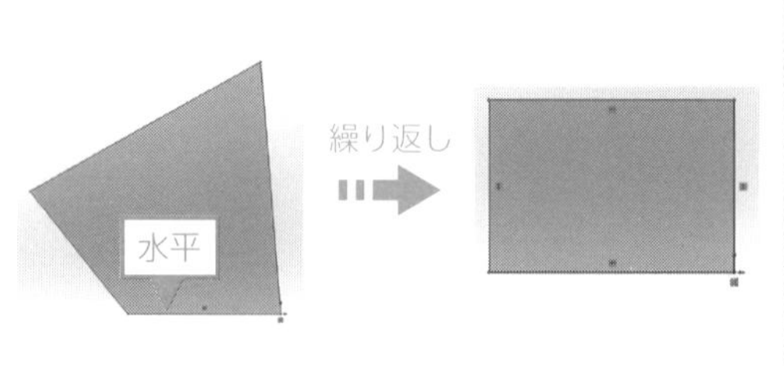

手順　水平，鉛直な線を引く

①ほぼ水平（鉛直）な線になるようにマウスを動かす
②水平を示す黄色のアイコン━（鉛直を示すアイコン┃）が表示される
③②の状態で終点を決定

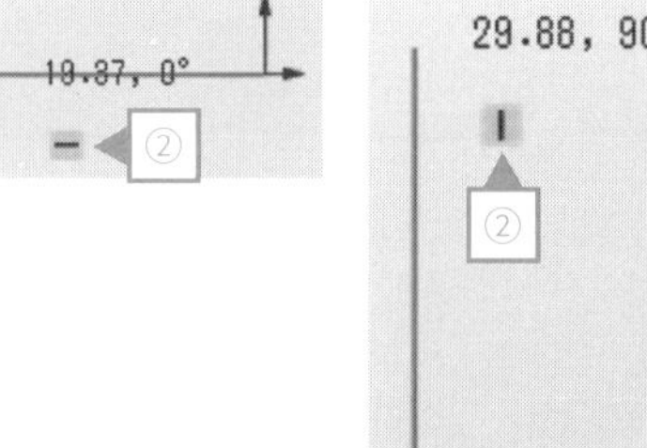

一筆書きで，原点を終点とする場合

原点を始点，終点とする一筆書きを行う場合，最後の直線は原点に水平（鉛直）になるように引くことになります．

手順　原点に対する処置

①水平（鉛直）状態を維持したままマウスを原点側に近づける
②水平を示す黄色のアイコン━（鉛直を示すアイコン┃）が追加で表示され，かつ原点からの水平（鉛直）な点線が表示される
③②の状態で左クリック→マウスを原点に移動し，左クリック

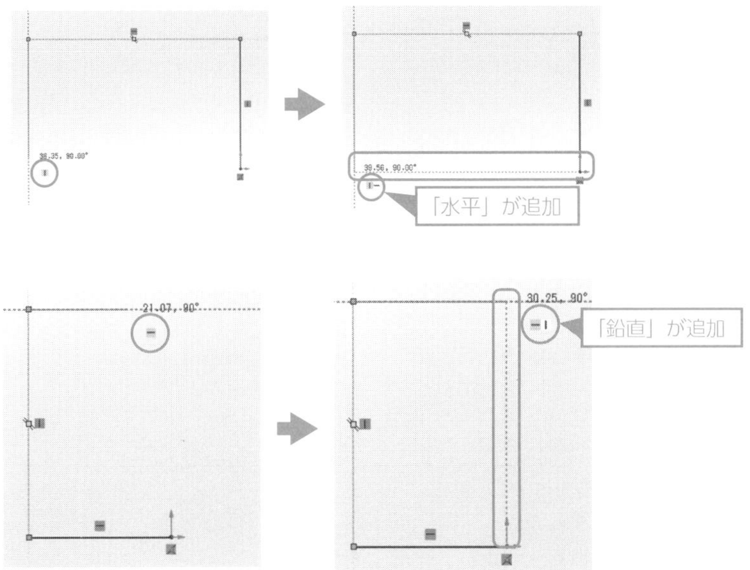

・水平（鉛直）の黄色のアイコンが表示された状態で直線を引くと，最初から幾何拘束が付与される.
・原点を終点とするような場合は，幾何拘束を示すアイコンに加え，点線が表示される.

Chapter 4 テクニック30

Exercise

右図のスケッチを一筆書きで描き，各種寸法などを追加して完全定義化しましょう.

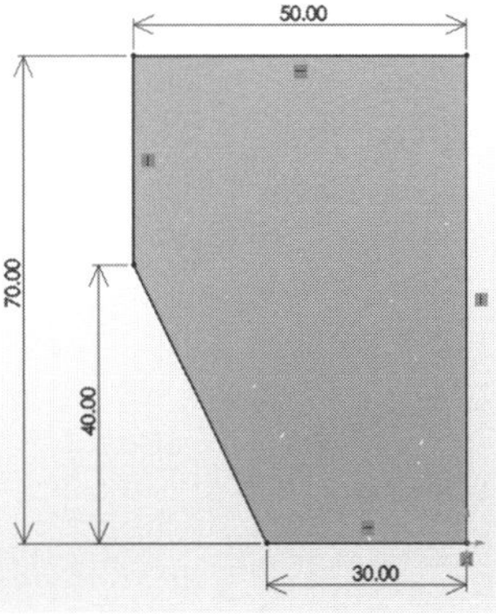

解答略

POINT 水平（鉛直）な線を引くときは，幾何拘束の黄色のアイコンが表示された状態でクリックします.

テクニック **31**

交点をスケッチに利用する

スケッチ - 円や点を利用したスケッチ

交点を素早く見つけ，探す手間を減らす

作図線の交点をスケッチに利用する場合，付近にマウスを移動しても自動的に交点は選択されないため，画面を拡大して慎重に交点を探さなければいけません．スケッチ「点」を利用すると自動的に正しい交点に点を打てるため，交点を慎重に探す必要がありません．また，「点」を利用するほかにも，幾何拘束「一致」を利用することもできます．

Example

右図のように，直径 100 mm のピッチ円と角度 45 度の作図線との交点を中心とした円を描きます．

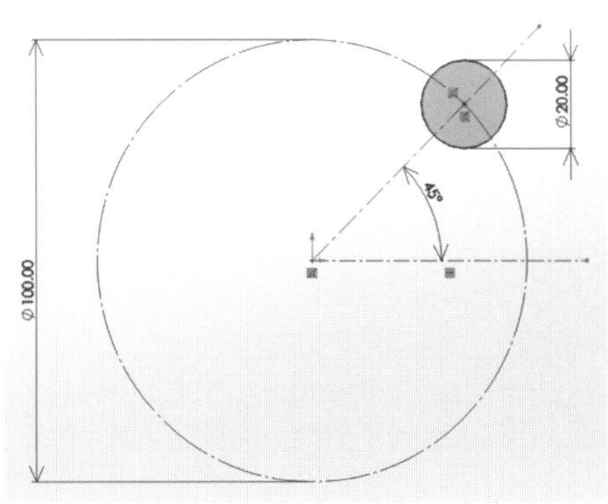

手順　「点」の利用

①ある程度画面を拡大し，交点らしき場所に点を描く
　→自動的に正しい交点に点が打たれる
②その点を中心にして円を描く

手順　幾何拘束の利用

①適当な場所に小円を描く
②小円の中心とピッチ円に，「一致」の幾何拘束を付与
③小円の中心と 45 度の作図線に，「一致」の幾何拘束を付与

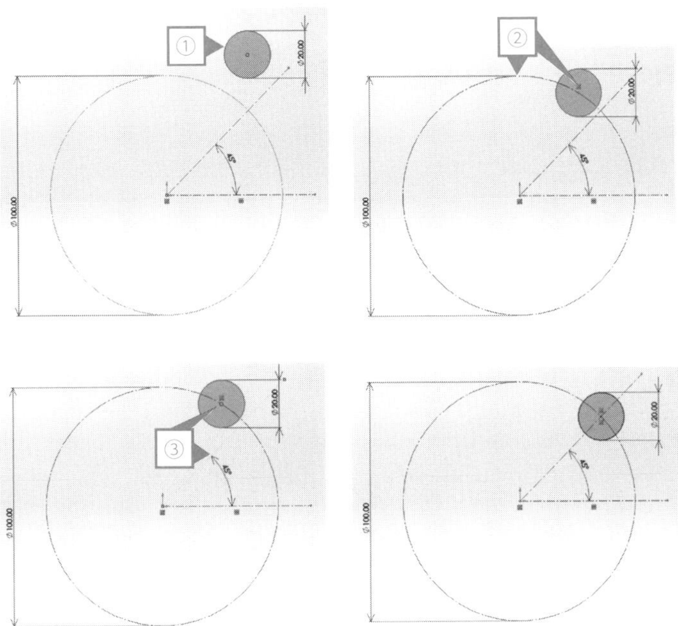

・「点」を活用することで，線の交点を容易に指定できる.
・「点」と幾何拘束（一致）を活用することも重要.

Exercise

右図のスケッチを，
・「点」を利用する方法
・幾何拘束「一致」を利用する方法
の2通りで描きましょう.

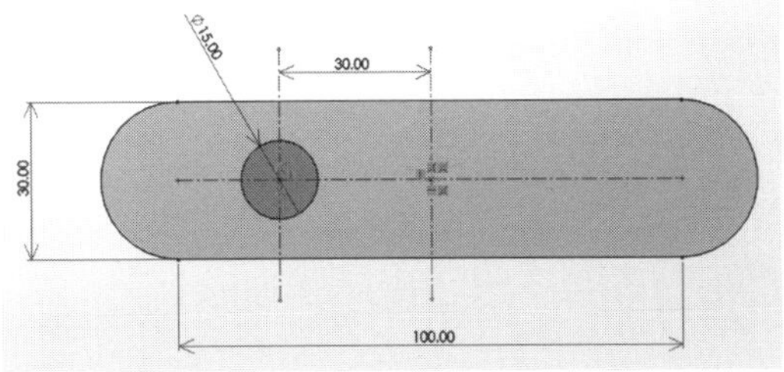

解答略

POINT 「点」を利用する方法：座標原点を通る水平な一点鎖線と，座標原点から左側に 30 mm 離れた箇所にある垂直な一点鎖線との交点に点を打つ→φ 15 mm の円の中心と設定した点に幾何拘束（一致）を設定

幾何拘束「一致」を利用する方法：座標原点から左側に 30 mm 離れた箇所にある垂直な一点鎖線とφ 15 mm の円の中心に幾何拘束（一致）を設定→座標原点を通る水平な一点鎖線と円の中心に幾何拘束（一致）を設定

テクニック 32　スケッチ面を修正する：スケッチ平面編集

スケッチ - その他

スケッチ面を他の平面に移動することで，修正の手間を減らす

複雑な形状になるほど，どの面にスケッチを描くかは悩ましい問題です．スケッチ完了後，フィーチャー化しようとして寸法を参照した際にスケッチ面の間違いに気づいたとしても，わざわざスケッチを描き直す必要はありません．「スケッチ平面編集」を利用すれば，すでに描いたスケッチを他の平面に簡単に移動できます．

スケッチ面と寸法

下図のように，必要な寸法がどの面を基準にして入っているのかでスケッチ面が変化します．

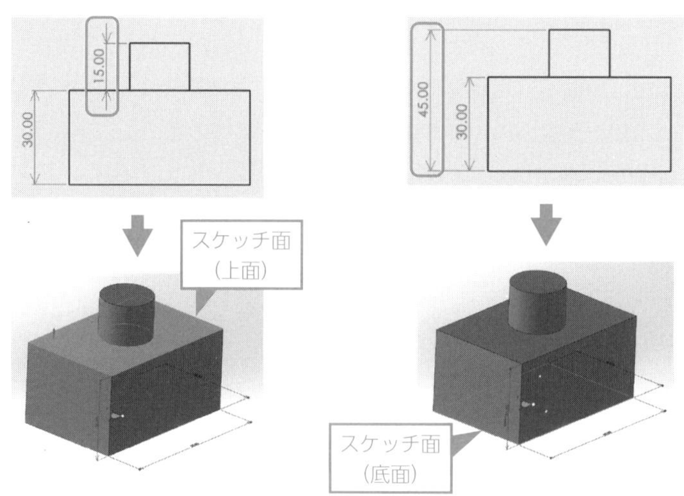

手順　**面 <1> から面 <2> への変更**

①変更したいスケッチの箇所で右クリック→「スケッチ平面編集」アイコン選択
→ Feature manager 側に「面 <1>」と表示され，指定したスケッチ面が青色で表示される
②モデルを回転
③スケッチを移動したい面（図では下面）を左クリック
→ Feature manager 側の表示が「面 <2>」に変更される
④ Feature manager 側の✔を選択

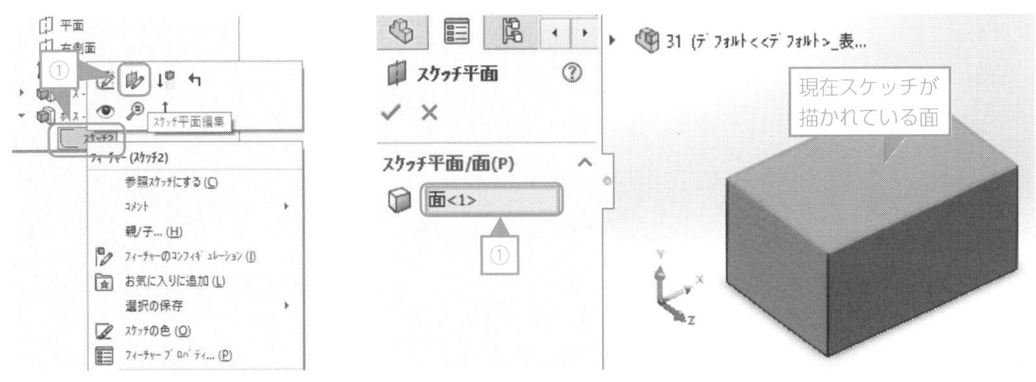

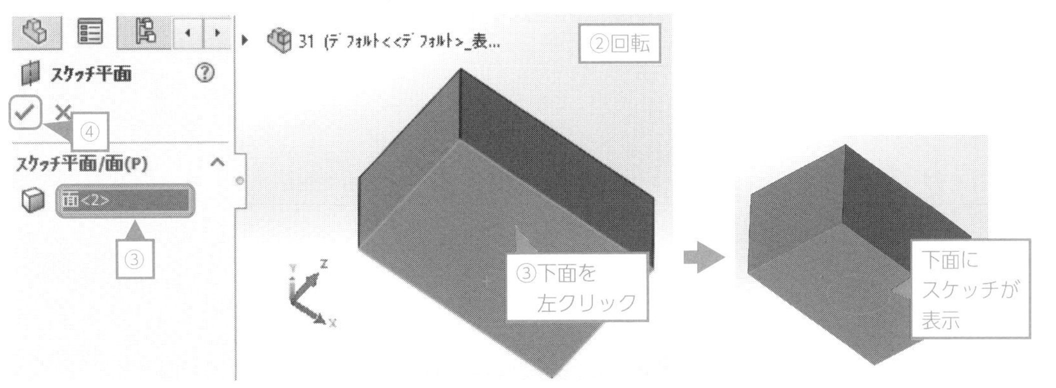

・スケッチを描く平面を間違えた場合は，「スケッチ平面編集」を利用してほかの面に移動できる.

Chapter 5

フィーチャーの上級テクニック

テクニック 33 「中間平面」で押し出し，ミラーを利用する

フィーチャー - 「押し出し」「カット」を使いこなそう

「押し出し」を使い分けることで，続く作業を効率化する

モデル形状が左右対称あるいは上下対称である場合，対称となる面を考慮して座標原点を設定し，モデルを作成しておくことで，続く作業において「ミラー」フィーチャーによるコピーがしやすくなり，効率が上がります．そのためには，「押し出し」の方法として「中間平面」を利用します．

「ブラインド」と「中間平面」

「押し出し」を利用する場合には，押し出す方向や量を指定します．

スケッチ面を基準として

・ブラインド：一方向のみ

・中間平面：スケッチ面を中間として両側に押し出します．

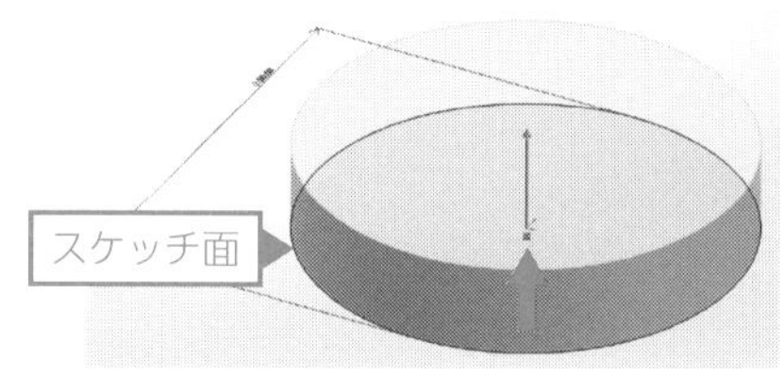

ブラインド

POINT 押し出し量として 10mm を指定した場合，「中間平面」ではスケッチ面に対して両側に 5mm ずつ押し出されます．

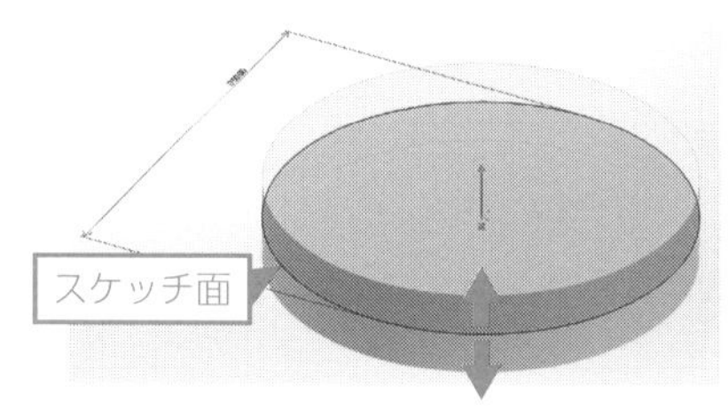

中間平面

Example

右図の部品を作成します．上下対称になっており，細い円柱を「ミラー」でコピーすると手早く作図できるので，中央の円板を押し出すのに「中間平面」を利用します．

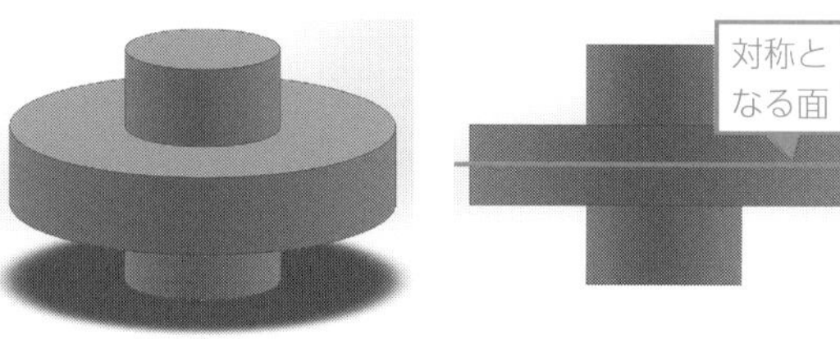

手順

①大円を描き，「方向 1」に「中間平面」を選択し，押し出し量を設定

②✔を選択

→スケッチ面を境界として上下に均等な厚みをもった円柱が作成される

③一方の面に細い円柱を作成し，「ミラー」でコピー

(→テクニック 13)

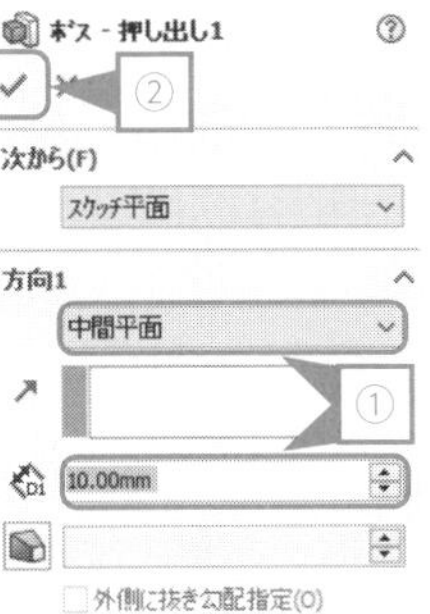

POINT 「ミラー」が利用できるかどうか，どの部分を「中間平面」で作成するかなど，あらかじめ作業の流れを確認しておきます．あらかじめ想定して作成することが理想ですが，最初に作成するベースフィーチャーを押し出しで作成する場合，常に「中間平面」で作成することを心がけ，習慣化しておいたほうがよいかもしれません．ただし，モデルによってはかえって作業効率が下がる場合もあります．

押し出しの種類の変更

後からミラーを使用したいと気づいた場合でも，モデルを作成し直す必要はありません．「フィーチャー編集」で，「ブラインド」を「中間平面」に変更することができます．

(→テクニック 17)

! 複雑な形状の場合，変更によってほかの箇所に不具合が生じる（ほかの箇所も修正する必要性が生じる）場合もあります．

- **モデリング対象が対称で，かつベースフィーチャーを押し出しで作成する場合には，「ブラインド」ではなく「中間平面」で作成し，対称な部分を「ミラー」でコピーする．**

テクニック 34 「押し出しカット」を使い分ける

フィーチャー - 「押し出し」「カット」を使いこなそう

「押し出しカット」を使い分け，同じスケッチで異なる形状を作成する

同じスケッチに対して「押し出しカット」を行う場合，その内側をカットするのも外側をカットするのも，ほぼ同様の手順で行うことができます．「輪郭選択」「反対側をカット」を使いこなすことで，共通の手順により効率的に作業できます．

なお，右図のような場合には「回転カット」を利用することも想定できますが，「押し出しカット」のほうが全体的な手間が少なく，理想的です．

内側をカット

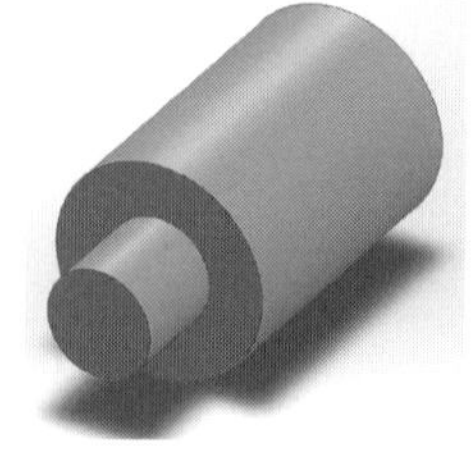
外側をカット

輪郭選択

「輪郭選択」により，カットしたい場所を指定します．

Example 1

右図に示す丸棒の先端を押し出しカットします．ここでは，小円の外側をカットします．

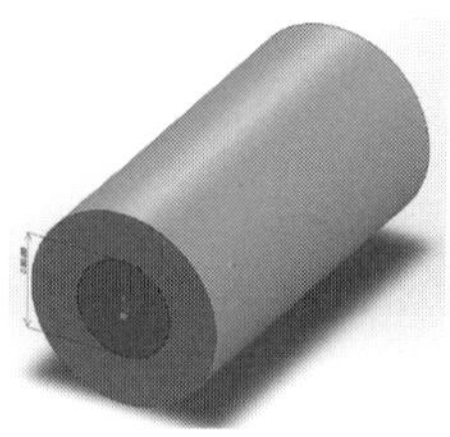

手順

POINT 押し出しカットしたい部分を決定するためには，Feature Manager において「輪郭選択」機能を利用します．手順②③を行わない場合は，円の内側がカットされます．

①スケッチ作成後，押し出しカット

② Feature manager 側の「輪郭選択」を左クリック

③内側の円と外周との間の範囲を左クリックすると，輪郭選択に追加される

→実際にどのようにカットされるのかが図に示される

④✔を選択

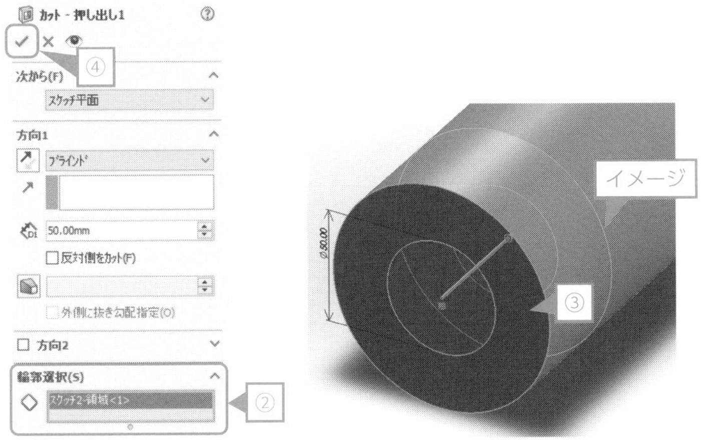

！「輪郭選択」の方法を使用せずに同じようにカットする場合，スケッチを右図のように変更する必要があり，一手間増えます．作業効率を考慮すると「輪郭選択」を利用するほうがよいでしょう．

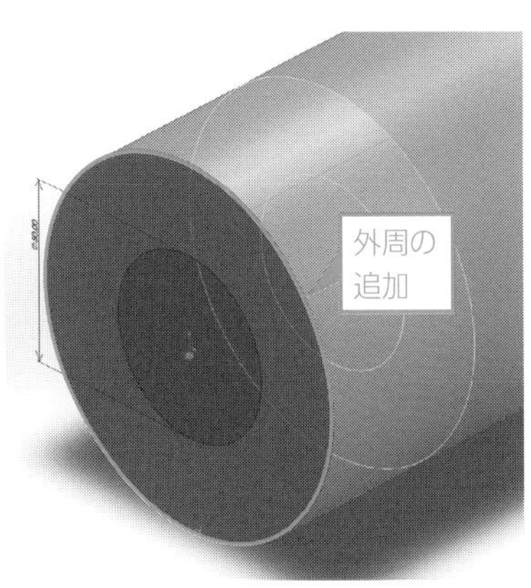

Chapter 5 テクニック34

反対側をカット

上記例のように単純な形状の場合，「輪郭選択」ではなく，「反対側をカット」を利用することもできます．

手順

①スケッチ作成後，押し出しカット
② Feature Maneager 側の「反対側をカット」を選択
③✓を選択

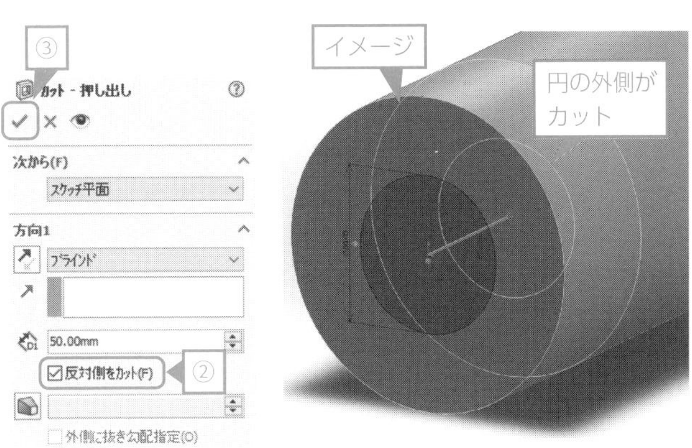

Example 2

「輪郭選択」は図形の角をカットする場合にも活用できます．下図の形状を「押し出しカット」で作成します．この図の場合，側面に描いたスケッチは単なる直線のみです．

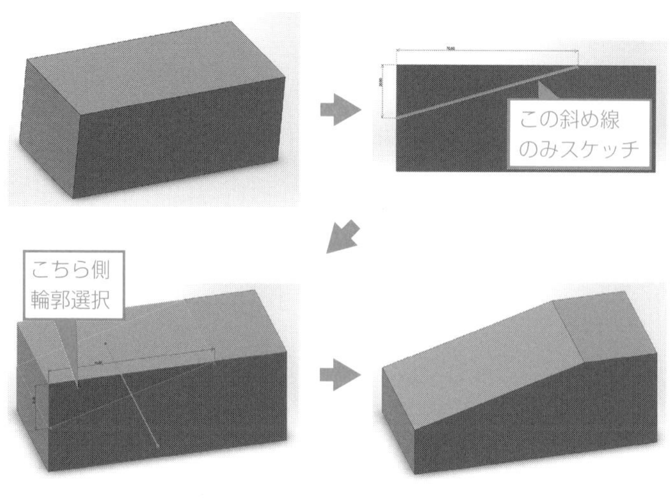

 通常のカットの場合には閉曲線にする必要があり，カットされる輪郭である三角形を描かなければいけません．それと比較すると，「輪郭選択」を利用することでスケッチの手間が省けることがわかります．

- 通常のカットと「輪郭選択」によるカットを切り替えることで，同じスケッチでも2種類のカットが実現可能．
- 「輪郭選択」のほか，「反対側をカット」が利用できる場合もある．
- 「輪郭選択」を利用すれば，作成するスケッチを一部省略できる．

テクニック 35 「抜き勾配」を活用する

フィーチャー - 便利なフィーチャー

目的に特化したフィーチャーを使い，作業の手間を減らす

鋳型や金型を使用して製品を製作する場合，成形品などをスムーズに取り出すためには抜き勾配が必要になります．勾配をつける面を変更（カット）する方法もありますが，3次元形状の抜き勾配を作成するためには4面をカットする必要があり，手間がかかります．このような形状は，「抜き勾配」フィーチャーを利用すれば一気に作成できます．

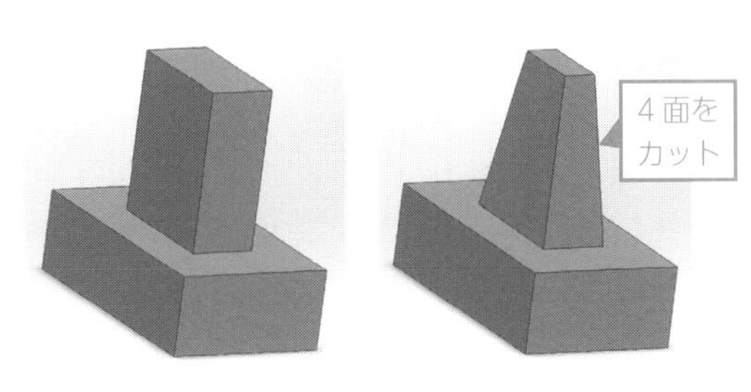

Example

右図の部品のくぼみに，抜き勾配（メス型なので凹の勾配）を作成します．

手順

POINT　オス型，メス型どちらの場合でも同様です．

①フィーチャーから「抜き勾配」を選択（「DraftXpert」の場合）
②抜き勾配の角度を指定
③基準となる面を指定
④抜き勾配をつける面（側壁4面すべて）を指定
⑤✔を選択

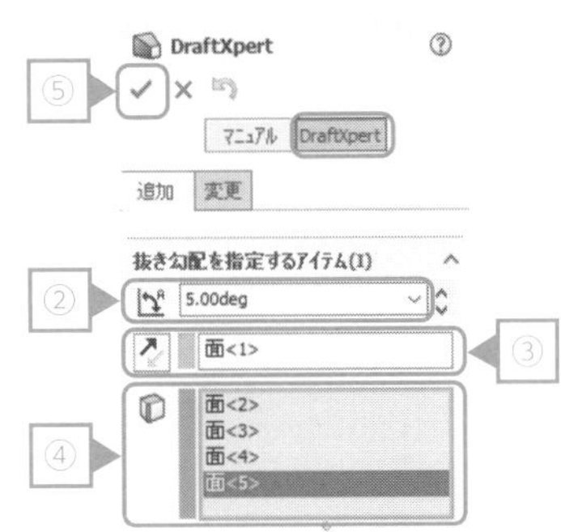

！初期設定では「DraftXpert」ではなく「マニュアル」になっています．

Chapter 5 テクニック35

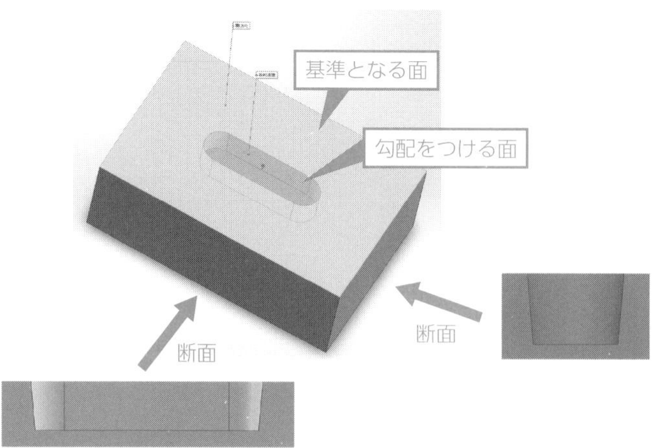

POINT　抜き勾配の面として側壁4面すべてを指定していますので，2方向から見た断面を見てもわかるように，どちらにも抜き勾配がついています．

寸法の確認

それぞれの断面から，上下の寸法がどのようになっているかを確認します．

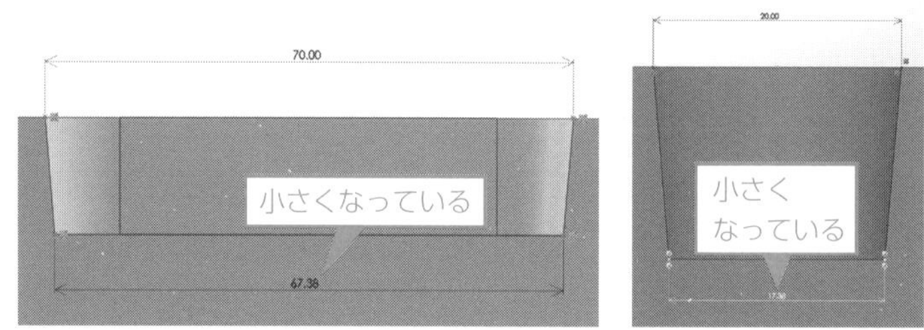

どちらの断面も，上面側の寸法はスケッチで描いた寸法と等しく，底面側の寸法が小さくなっていることから，手順③で指定した基準となる面（上面）から小さくなるように抜き勾配が設定されていることがわかります．

- 「抜き勾配」フィーチャーを利用すれば，少ない手順で抜き勾配が作成できる．
- 抜き勾配をつけるには，「角度の指定」「基準となる面の指定」「抜き勾配をつける面の指定」の三つが必要．

テクニック 36

厚みを一定に保つ：オフセット

フィーチャー - 便利なフィーチャー

厚みを一定に保ち，修正の手間を減らす

止まり穴（非貫通の穴）では，底の厚みが重要になることも多くあります．そのような場合は穴の長さを指定するのではなく，「オフセット」を利用して底の厚みを指定します．これにより，設計変更で部品全体の長さが変更されても底の厚みが一定に保たれます．

(a) 穴の長さを指定

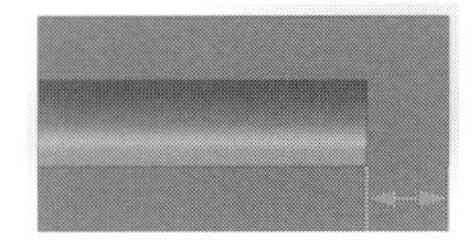

(b) 穴の厚みを指定

POINT ここでの「オフセット」とは，「基準としている面から指定寸法に従ってずらす」という意味で，基準としている面から底の厚み分のみずらして穴を開けることになります．

Example

右図のように，角柱の中心に非貫通の穴を作成します．このとき，底の厚みを一定にします．

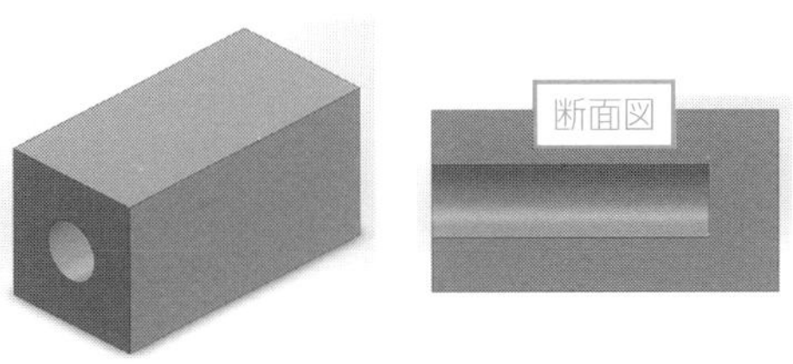

手順 1

①穴を開けたい面に円をスケッチ
②フィーチャーで「押し出しカット」を選択
③「方向 1」で「オフセット開始サーフェス指定」を選択
④必要に応じてカットの方向を切り替える
⑤基準となる面（オフセットを開始する面）を選択
⑥オフセット量を入力
⑦✔を選択

Chapter 5 テクニック 36

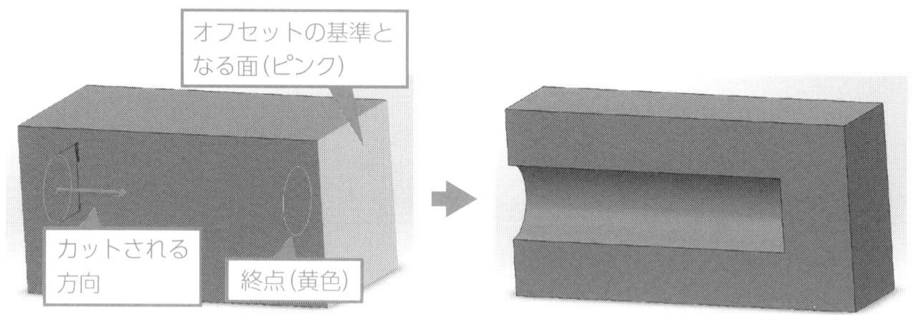

手順 2

①穴が開かないほうの面に円をスケッチ
②フィーチャーで「押し出しカット」を選択
③「次から」で「オフセット」を選択
④必要に応じて方向を切り替える
⑤オフセット量を入力
⑥「方向 1」で「全貫通」を選択
⑦必要に応じて方向を切り替え
⑧✔を選択

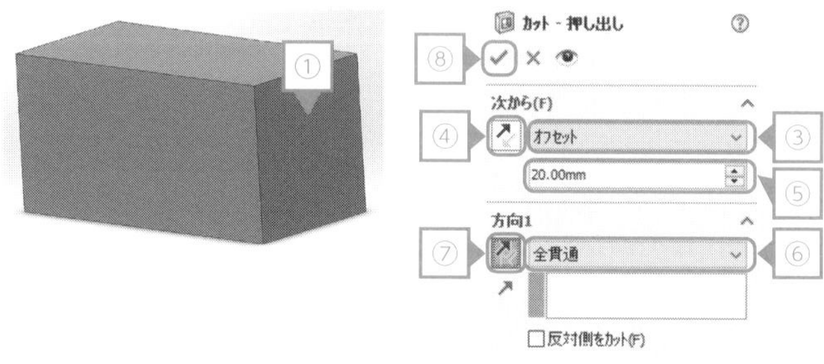

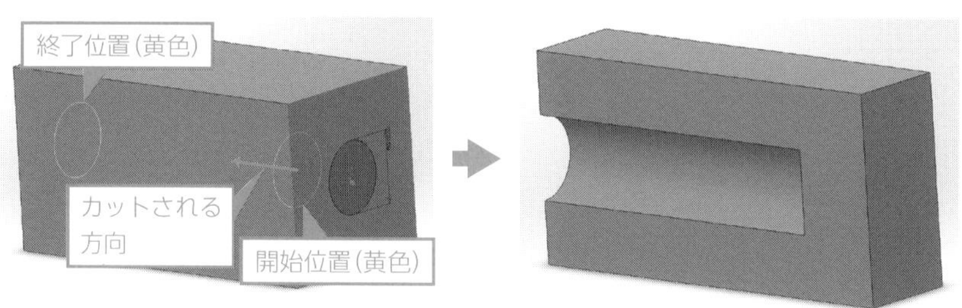

POINT 同じ穴を開ける場合でも，手順 1，2 のように 2 種類の方法があります．どちらの方法がよいとは一概には言えません．自分で覚えやすい，作業しやすい方法を用いればよいでしょう．

- 止まり穴の底の厚みを指定するときには，「オフセット」を利用する．
- 「オフセット開始サーフェス指定」を使用する方法と，スケッチをオフセットする方法の 2 種類がある．

テクニック 37 フィーチャーで丸い形状を作成する：フルラウンドフィレット

フィーチャー - 便利なフィーチャー

丸い形状を素早く作成する方法を身につける

「フィレット」は「角や隅に設定するもの」だけではありません．「フルラウンドフィレット」を利用することで，先端が丸くなっている形状を素早く作成することができます．

(a) 通常のフィレット

(b) フルラウンドフィレット

Chapter 5 テクニック37

Example

上図(b)のように先端が丸くなっている形状を作成します．

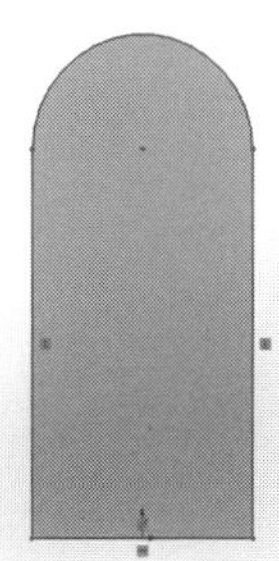

！「円を含む形状をスケッチ」→「押し出し」という手順が一般的ですが，単純な四角を描くのに比べて直線と曲線を含むスケッチには手間がかかります．

手順

①「フィレットタイプ」の右端のアイコンを選択
②「フィレットするアイテム」の左側面（上段）を指定
③上面（中段）を指定
④右側面（下段）を指定
⑤「全体をプレビュー表示」にチェックを入れると，指定後の形状が表示される
⑥✔をクリック

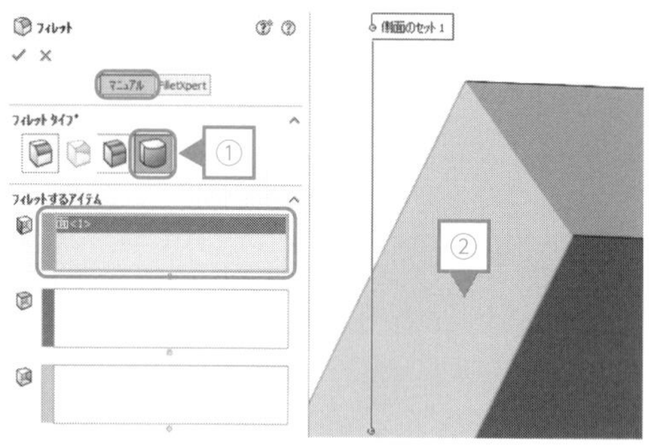

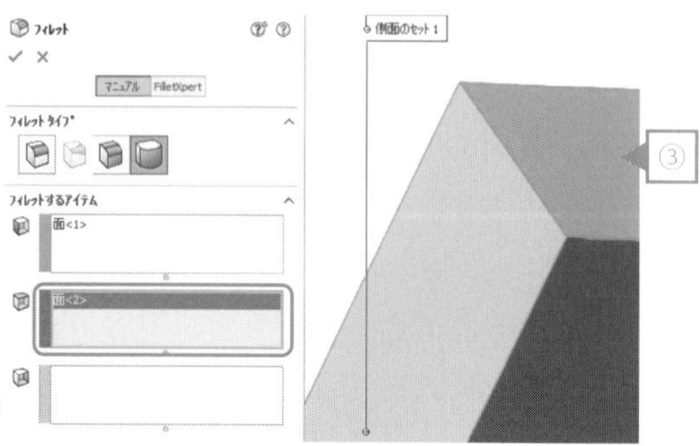

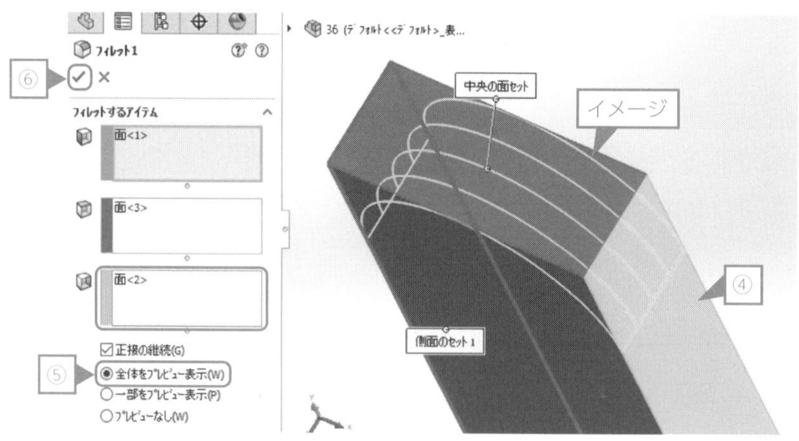

POINT 手順からわかるように，フルラウンドフィレットの場合には，寸法指定は一切必要ありません．そのため，設計変更をしても先端部分の寸法を修正する必要がなく，この点を考えても手間を省くことができます．

・先端が丸い形状を設計する場合には，スケッチで実現するのではなく，「フルラウンドフィレット」を利用するほうが効率的．

重要なコツ

Chapter

6 作業効率化のコツ

テクニック 38 寸法に変数を利用する：グローバル変数，関係式

モデリングの前に - 作業手順を確認しよう

寸法を変数で一括管理し，入力ミスや修正の手間を減らす

同一の形状が複数あったり，寸法が相互に関係したりする場合，それぞれの寸法を数値で入力していると，設計変更の際にそれらすべてを変更しなければならず，大変手間がかかります．寸法に「グローバル変数」や「関係式」を利用することで，入力時の間違いや修正の手間を大きく減らすことができます．

グローバル変数

同一の寸法が複数あり，かつ不規則な配置になっている場合は，「ミラー」や「直線パターン」などを利用できません．そのため，すべてに同じ寸法を指定する必要があります．

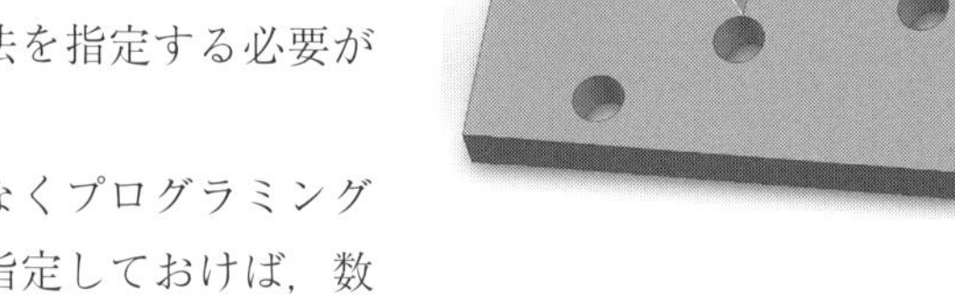

このようなとき，寸法を数値ではなくプログラミングのように変数（グローバル変数）で指定しておけば，数値を直接入力するよりも入力ミスが起こりにくくなりますし，設計変更時もその変数に対応する寸法の変更だけですみます．

手順 グローバル変数の定義

①「ツール」→「関係式」を選択
②「グローバル変数」の下の領域を左クリック→変数を入力後，「Enter」キーを押す
※半角で入力する（大文字でも小文字でもかまわない）
③「値／関係式」のセルに自動的に移動するので，数値（設定したい寸法）を入力
④プルダウンメニューから，単位を選択
⑤右側の✔を選択
⑥自動的に新しい欄が追加されるので，必要に応じて入力
⑦すべての入力が終了したら，「OK」を選択
⑧ Feature Manager に「関係式」が追加されていることを確認

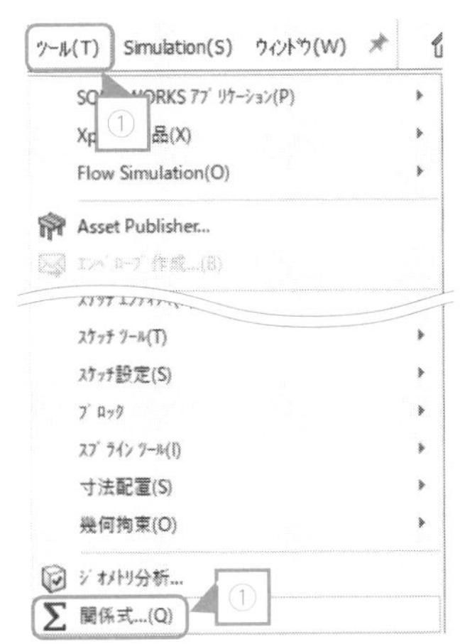
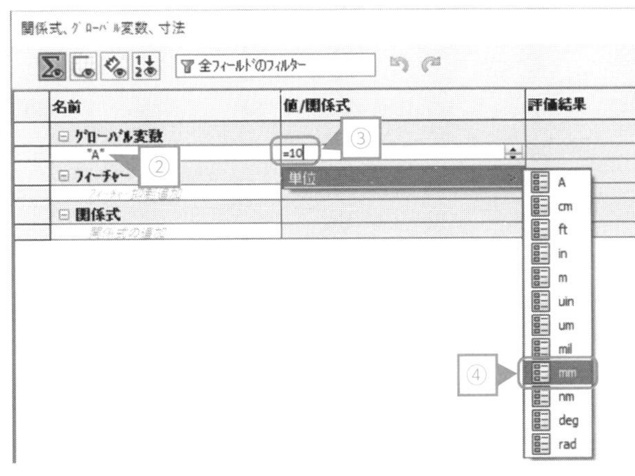

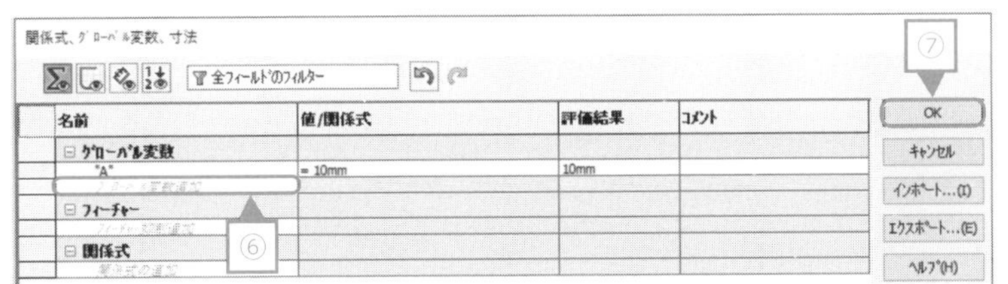
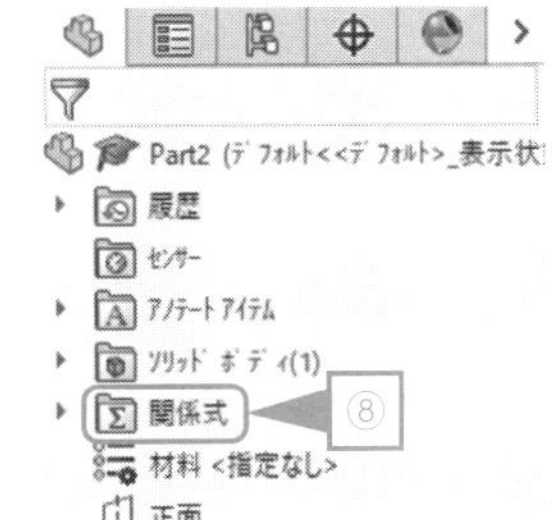

Chapter 6 テクニック38

手順　グローバル変数の追加・修正

① Feature Managerの「関係式」を右クリック→「関係式の管理」を選択
②グローバル変数の定義と同様の画面になるため，必要に応じて追加修正を行う
③入力後，「OK」を選択

関係式

各部寸法の決定の際，相互の寸法を関係づける場合があります．そのようなときは，複数のグローバル変数を定義しておき，それらの関係式を寸法に適用します．寸法を変更してもこの関係が維持されるので，修正の手間も減ります．

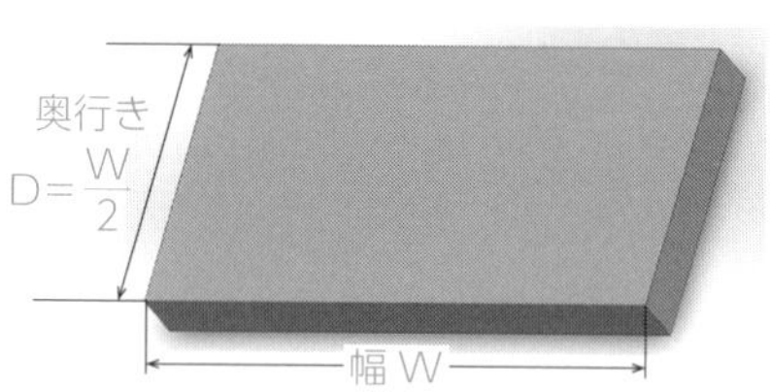

手順　関係式の定義

POINT　既存のグローバル変数A,Bから，新しいグローバル変数をC=A/Bのように定義します．

①「グローバル変数」に「C」を入力後，「Enter」キーを押す
②「値／関係式」のセルに自動的に移動し，プルダウンメニューが表示される
③プルダウンメニューにおいて，「グローバル変数」→「A」の順で選択すると，「値／関係式」に「"A"」と表示される
④「"A"」の後ろに，演算記号「/」を（半角で）入力
⑤再度表示されるプルダウンメニューにおいて，「グローバル変数」→「B」の順で選択すると「値／関係式」に「"B"」が追加される
⑥右側の✔を選択
⑦関係式で実際に計算された値が表示されるので，その値を確認
⑧終了する場合は「OK」を選択

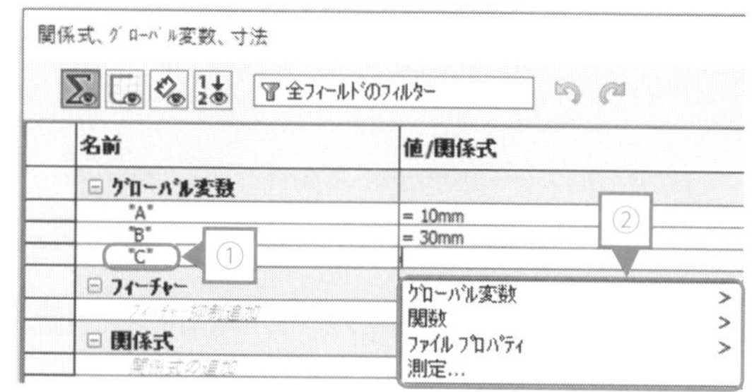

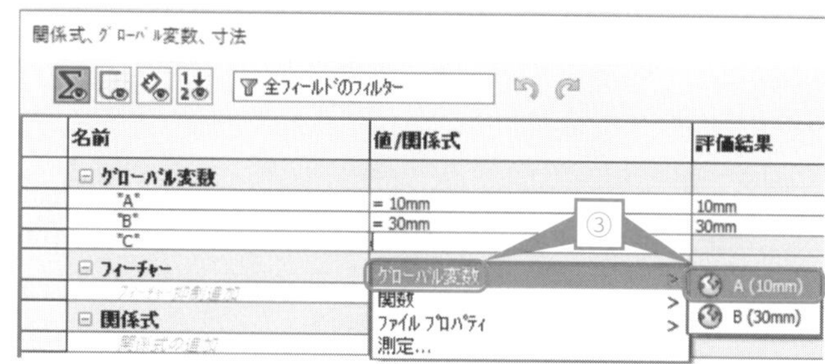

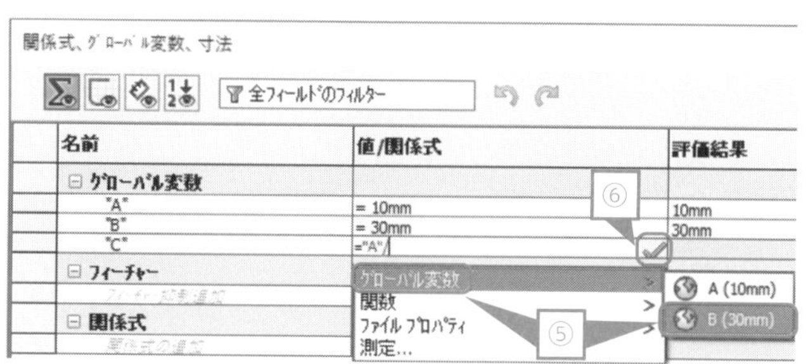

関係式、グローバル変数、寸法

全フィールドのフィルター

名前	値/関係式	評価結果	コメント
⊟ グローバル変数			
"A"	= 10mm	10mm	
"B"	= 30mm	30mm	
"C"	= "A" / "B"	0.333333mm	
グローバル変数追加			
⊟ フィーチャー			
フィーチャー抑制追加			
⊟ 関係式			
関係式の追加			

⑦ ⑧ OK キャンセル インポート...(I) エクスポート...(E) ヘルプ(H)

POINT 基本的には四則演算が主となるので，演算記号として+，−，*（乗算），/（徐算）を使用します．いずれも半角で入力します．

! 「グローバル変数」は，基本的にモデル作成前に行っておく必要があります．モデル作成後でももちろん設定できますが，その場合，それまで入力した数値の場所をすべて置き換えなければならないため，手間がかかり利用する意味合いが薄れます．

手順　スケッチにおける寸法にグローバル変数 A を指定

①「スマート寸法」で寸法指定
②表示される数値を「Backspace」キーなどで消し，「=」を（半角で）入力
③プルダウンメニューが表示されるので，「グローバル変数」→「A」を選択
④「= “A”」と表示されるのを確認
⑤右側の✔→左上の✔を選択
⑥表示される寸法を確認（数値の前にΣが表示される）

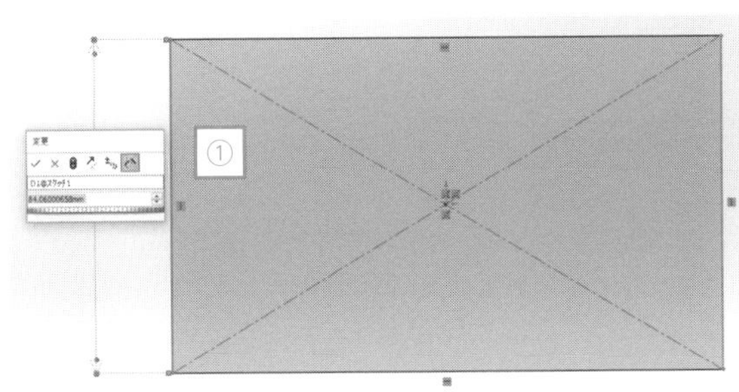

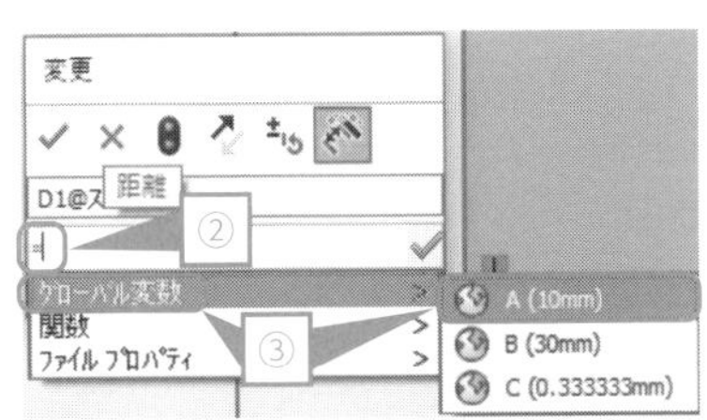

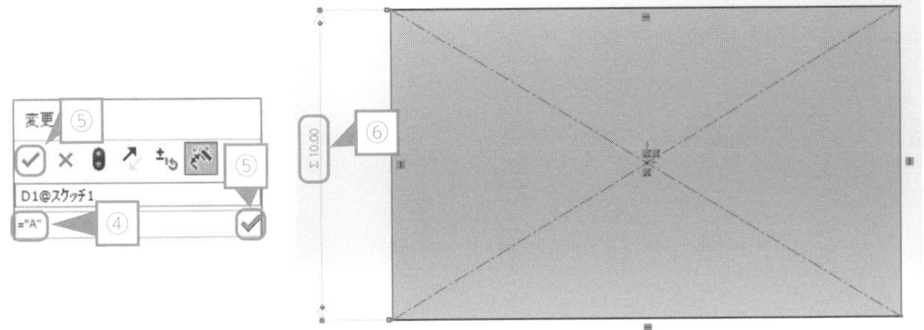

Chapter 6 テクニック38

手順　フィーチャー利用時にグローバル変数 C を指定（例：押し出し）

①「押し出し」フィーチャーを適用

②押し出し量の数値を「Backspace」キーなどで消し，「=」を（半角で）入力

③プルダウンメニューが表示されるので，「グローバル変数」→「C」を選択

④「= "C"」と表示されるのを確認

⑤右側の✔を選択

⑥数値の箇所に変数の値が表示されるので，それを確認

⑦✔を選択

・穴径など同一寸法を多く利用する場合は，グローバル変数を定義しておくとよい.

・単純な値だけではなく，関係式（C=A/B など）も利用可能.

・グローバル変数の定義はモデル作成前に行っておく.

テクニック 39

用途に合わせて単位系を変更する

モデリングの前に - 単位系は OK ？

異なる単位系への変更方法を身につける

SOLIDWORKS では，インストール後最初の起動時に通常利用する単位を指定します．図面を作成する際は常にその単位が使用されますが，ほかの単位系を利用して図面を描かなければならいこともあります．そのようなときは，一時的に単位系を変更します．

単位系

機械系の図面作成の場合，基準となる単位は mm（ミリメートル）です．mm を基準とする単位系は「MMGS」で表され，長さは mm，重さは g（グラム），時間は s（秒）として定義されます．

SOLIDWORKS では，以下の単位系が利用可能です．

- MKS（m, kg, s）
- CGS（cm, g, s）
- MMGS（mm, g, s）
- IPS（インチ，ポンド，s）
- ユーザ定義

！ 単位系の切り替えは，図面作成の最初の時点行う必要があります．図面を作成してから単位系が異なることに気づいた場合，モデル作成をすべてやり直さなければいけません．

Chapter 6 テクニック 39

手順

①SOLIDWORKS を起動後，右下の「MMGS」の右側にある▲マークを選択

②現在の単位系を確認し，変更したい単位系を選択

③変更されたことを確認（選択した単位の左側にチェックマークがつく）

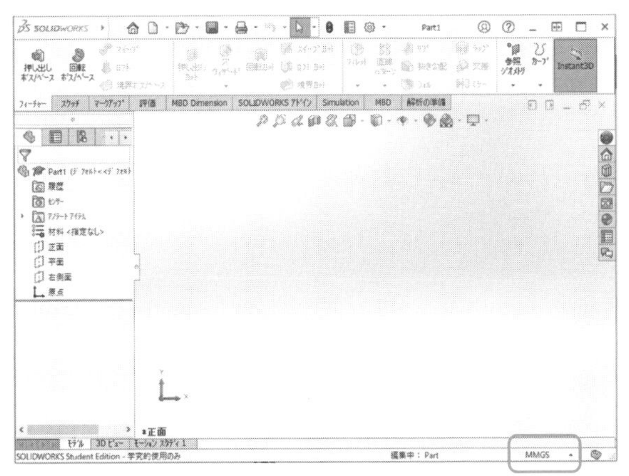

拡大

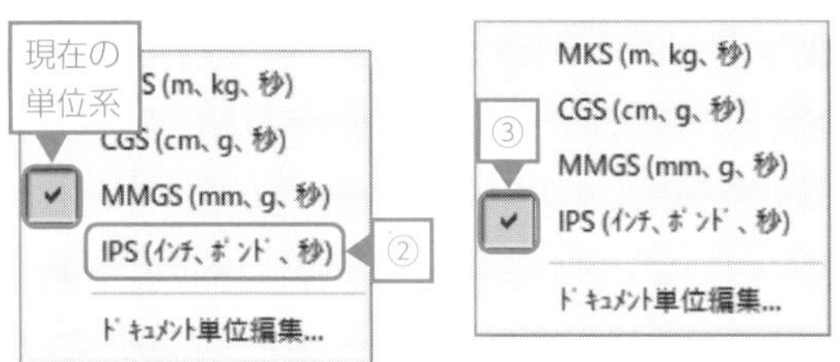

・通常，単位系の基本設定は MMGS（mm, g, s）.
・利用する単位系の変更は可能だが，変更する場合にはモデル作成前に実施すべし.

テクニック 40　モデルの材料を指定する

完成したら - 材料特性を求めよう

モデルの材料を指定することで，質量特性を求められるようにする

実際の製造現場では，設計モデルは形状や寸法だけでなく，材質が非常に重要な意味をもちます．材料を指定することでモデルの質量が確認でき，軽量化の効果や材質を変更した際の違いの確認などができるようになります．

材料の指定

SOLDWORKS では使用する材料を指定することができます．材料一覧には多くのものが含まれますが，一覧にない場合は自分で新たに定義することも可能です．

なお，材料指定を行うとモデルの外観（色）が変更されることがあります．

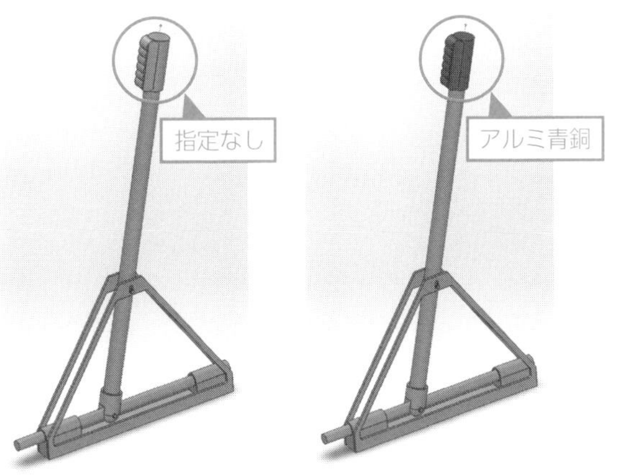

手順

① Feature Manager の「材料」を確認し，右クリック→「材料編集」を選択
②新しいウィンドウが現れるので，表示されている材料名の左側の⌄マークを左クリック
③指定したい材料を選択
④材料特性が表示されるのを確認し，「適用」を選択
⑤「閉じる」を選択
⑥ Feature Manager 側の表示が変更されているのを確認

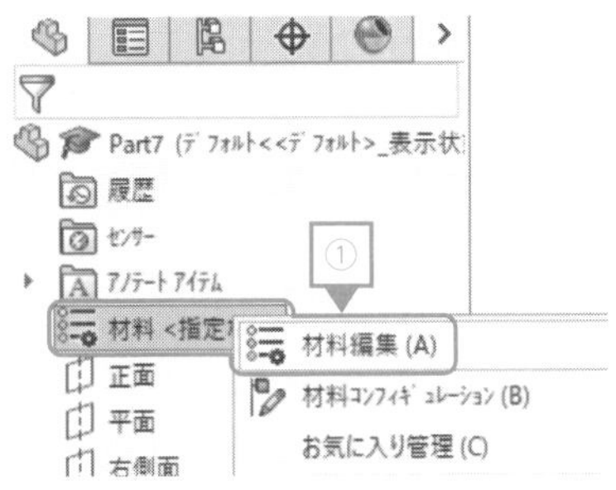

Chapter 6 テクニック 40

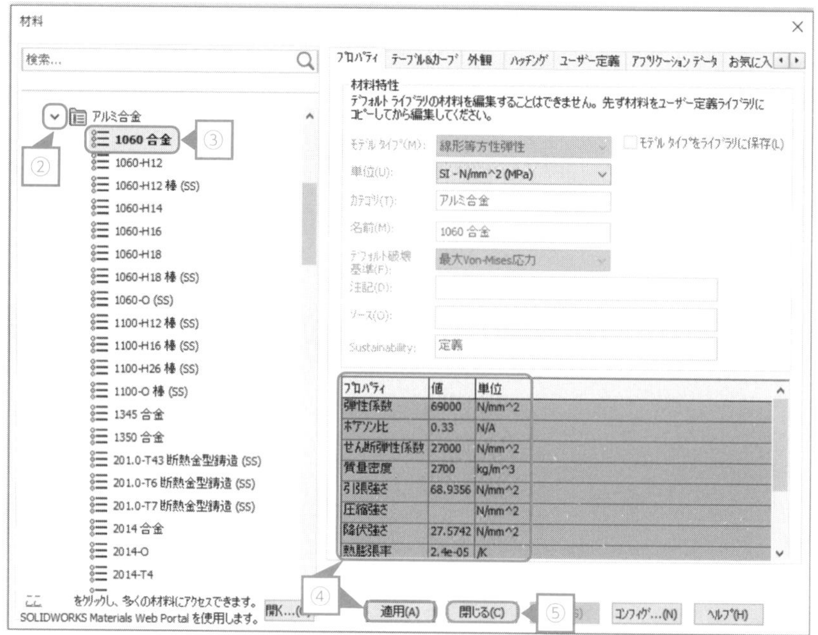

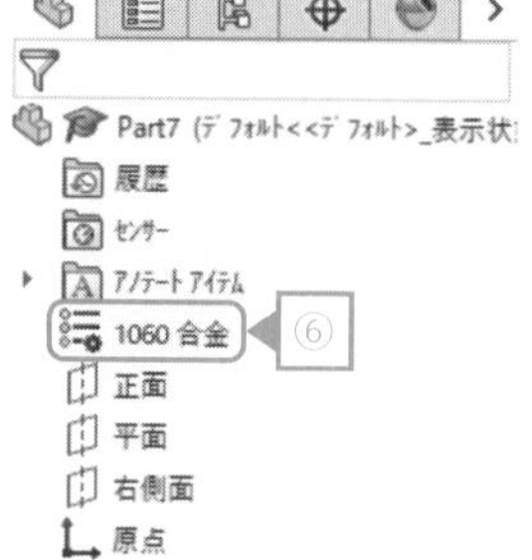

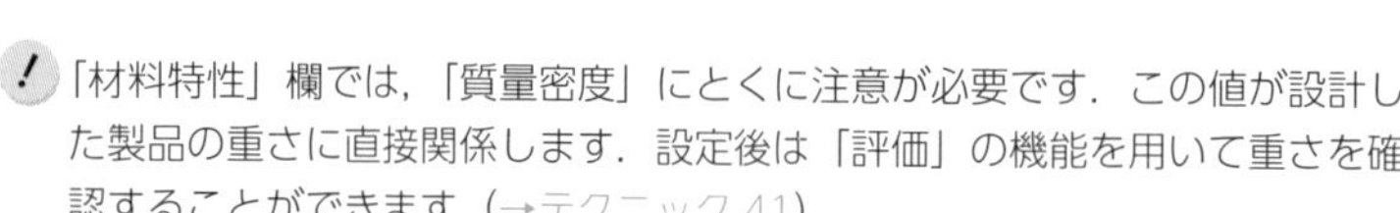
「材料特性」欄では，「質量密度」にとくに注意が必要です．この値が設計した製品の重さに直接関係します．設定後は「評価」の機能を用いて重さを確認することができます（→テクニック 41）．

・モデルに対して使用する材料を設定することで，作成したモデルの重さが確認できるようになる．

テクニック 41

モデルの質量や各部の長さを求める：評価

完成したら - 材料特性を求めよう

完成したモデルの質量や各部の長さを素早く確認する

材料指定（→テクニック 40）しておけば，「評価」を利用することで部品の質量を求めることができ，設計変更の前後でどの程度軽量化されているのかを確認できます．

また，「評価」を利用することで特定の箇所の寸法を測定することができるので，フィーチャー化された複雑なモデルにおいて，Feature Manager から該当するフィーチャーを探して寸法を確認する手間が省けます．

手順 質量の確認

①「評価」ダブ→「質量特性」アイコンを選択

②表示される「質量特性」ウィンドウから質量の数値を確認

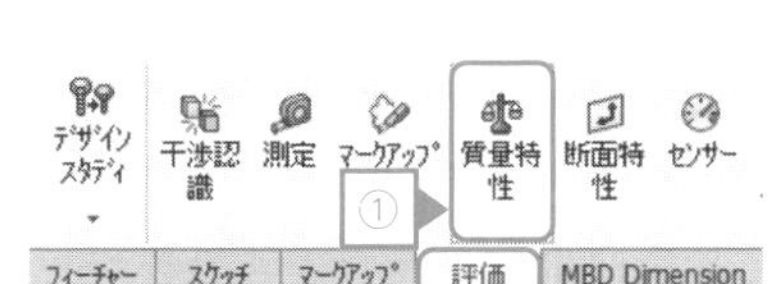

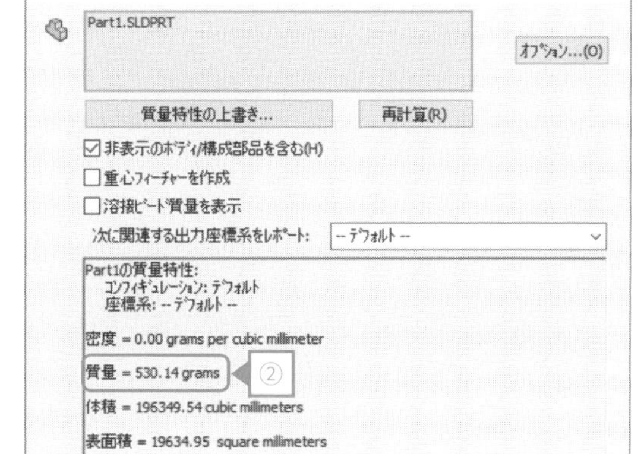

POINT 「質量特性」ウィンドウでは

- ・密度　・質量　・体積
- ・表面積　・重心　・慣性モーメント（3 種類）

を確認することができます．質量以外についても確認してみましょう．

Chapter 6 テクニック 41

手順　長さの測定

①「評価」ダブ→「測定」アイコンを選択
②「測定」ウィンドウが表示され，マウスカーソルの形状がに変化する
③測定したい箇所にマウスカーソルを移動すると線がオレンジ色に変化するので，その状態で左クリック
④表示される寸法を確認
⑤「Esc」キーを押して測定を終了

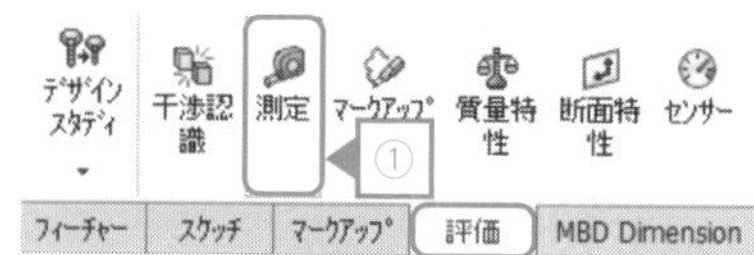

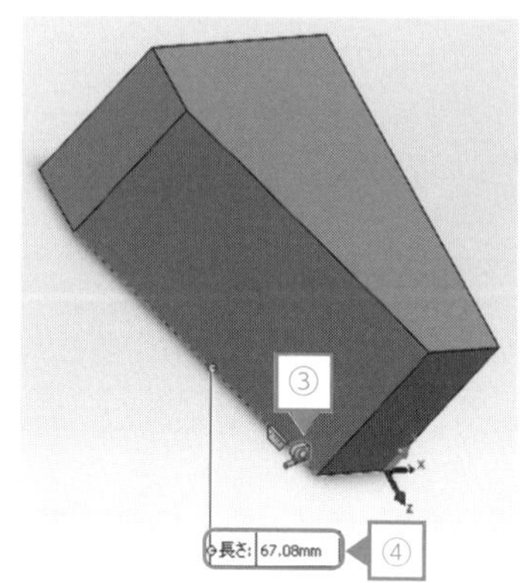

POINT　下図のアイコンを選択することで，離れている円弧どうしの中心間距離や最小距離，最大距離も測定可能です．

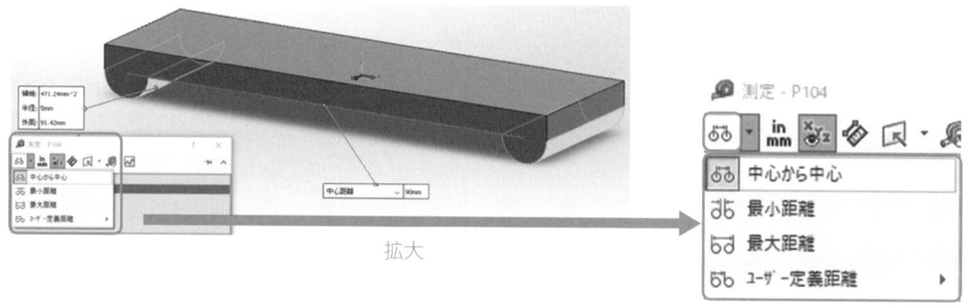

・「評価」を利用して，作成したモデルの質量，密度，体積などの確認や，任意位置の寸法の確認ができる．
・円どうしの場合，アイコンを切り替えることで簡単に測定する位置を変更可能．

テクニック 42　キーボードショートカットを使いこなす

モデリングの前に - その他

キーボードショートカットを身につけ，素早く作業する

マウス操作の場合，「アイコンやプルダウンメニューを選択」→「別のメニューを選択」→・・・という手順となり，目的の機能にたどり着くまでに複数回の操作が必要になります．それに対し，キーボードによるショートカットキーを利用すれば，目的の機能に対して簡単にアクセスでき，作業効率が上がります．

SOLIDWORKS には多くのショートカットキーがありますが，ここでは比較的使用頻度が高いものを紹介します．

ファイル操作と編集

ファイル操作	
Ctrl + N	新規作成
Ctrl + O	ファイルを開く
Ctrl + S	ファイルを保存（上書き）
Ctrl + W	ファイルを閉じる
Ctrl + P	印刷

編集（Windows の標準操作と同様）	
Ctrl + Z	操作取り消し（アンドゥ）
Ctrl + Y	やり直し（リドゥ）
Ctrl + C	コピー
Ctrl + X	カット
Ctrl + V	ペースト
Alt + Tab	アプリの切り替え

ショートカットバー

「S」キーを押すと，さまざまなショートカットバーが表示されます．

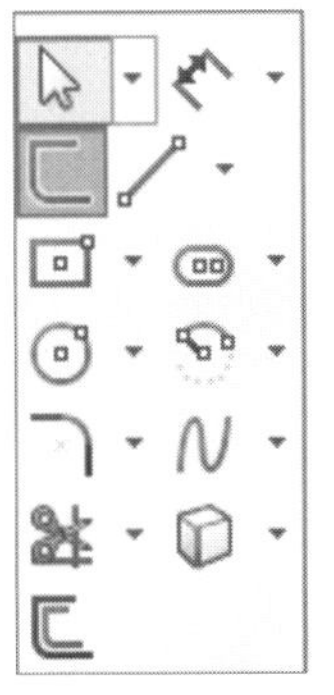
スケッチ
（スケッチ編集状態）

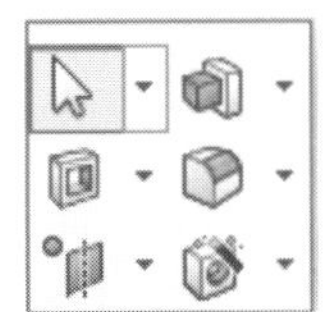
フィーチャー
（スケッチが終了している状態）

アセンブリ
（部品ファイルを複数読み込んでいる状態）

Chapter 6 テクニック 42

表示面の切り替え

面に垂直		その他	
Ctrl + 1	正面	Ctrl + 7	等角投影
Ctrl + 2	背面	Ctrl + 8	選択アイテムに垂直
Ctrl + 3	左側面	Space	表示方向
Ctrl + 4	右側面		
Ctrl + 5	上面		
Ctrl + 6	底面		

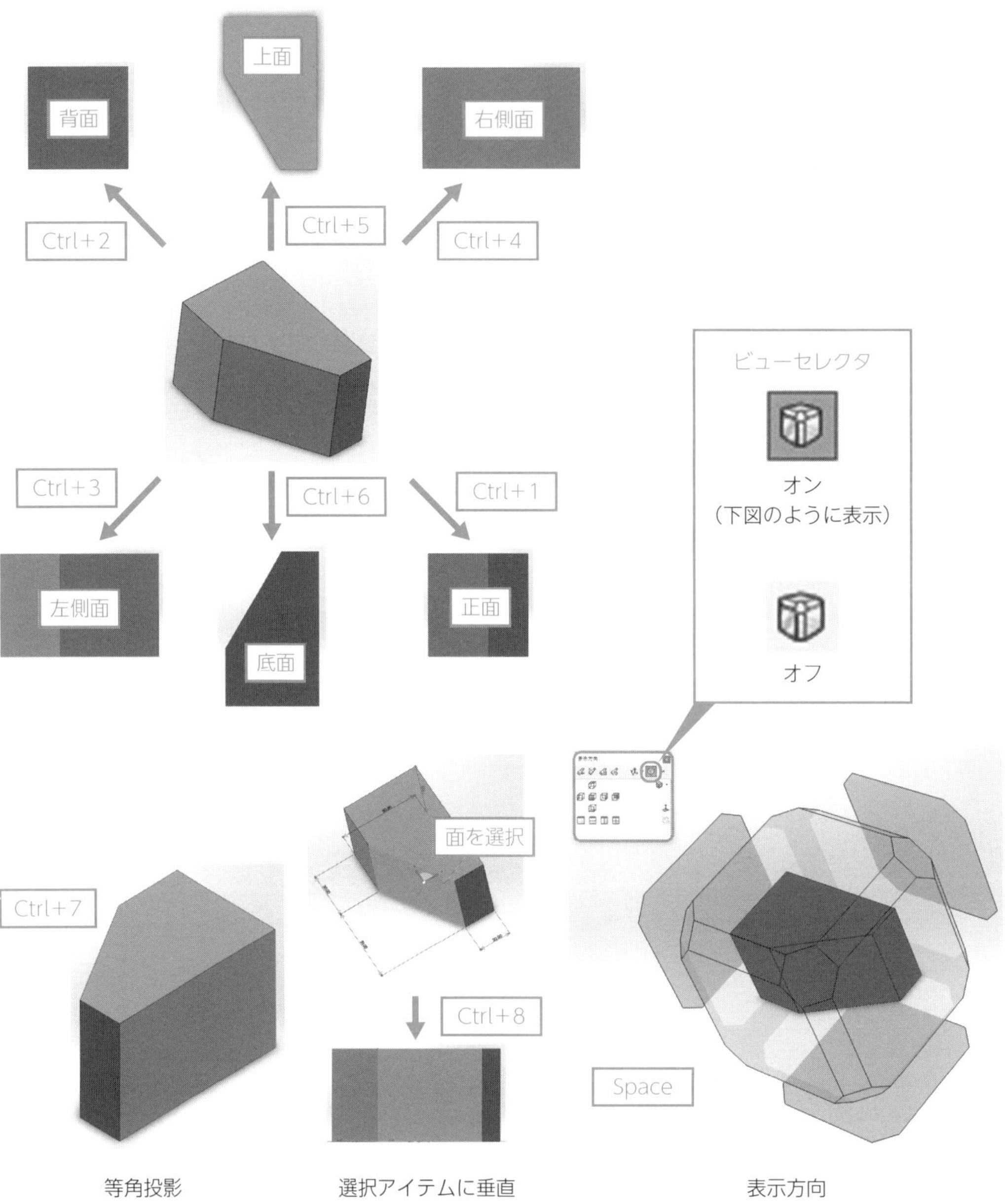

拡大・縮小，モデルの回転

拡大・縮小		回転	
Shift + Z	拡大	↑	矢印キーの方向に視点を回転
Z	縮小	←	
F	ウィンドウにフィット	→	
G	虫眼鏡（部分拡大）	↓	

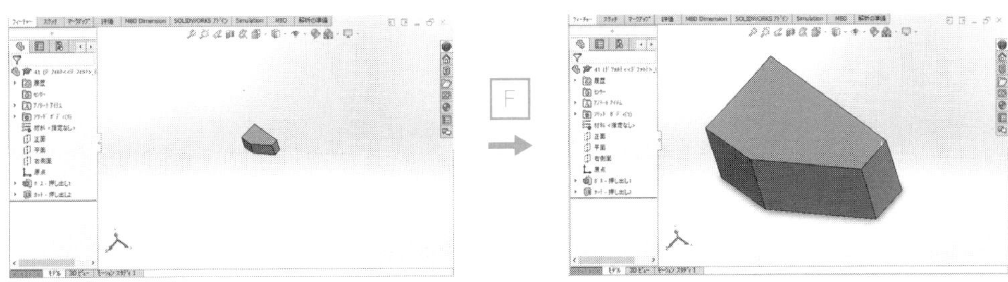

ウィンドウにフィット

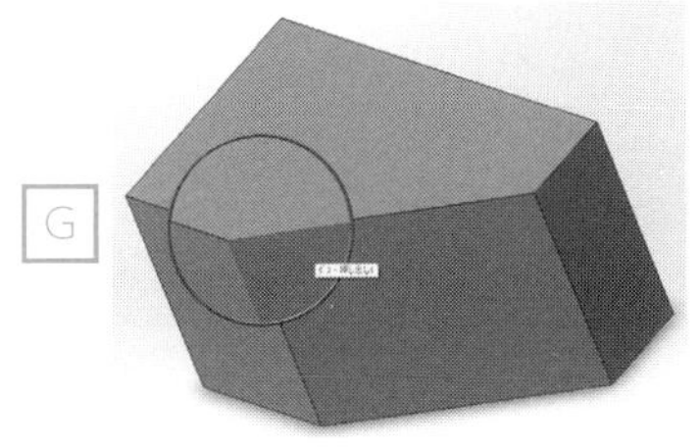

虫眼鏡

POINT ショートカットキーを有効に利用するためには，モデル作成の際，利き手側でマウス操作を行い，反対側の手でショートカットキーを利用するという方法がおすすめです．ある程度操作に慣れるとモデル作成などの時間が飛躍的に短縮されますので，ぜひともチャレンジしましょう．なお，ショートカットを利用する場合には日本語入力の状態を確認しておいたほうがよいでしょう．全角入力の場合にはこれらショートカットを利用できません．

Chapter
7 モデリングのコツ

テクニック 43 モデリング前に考えをめぐらせる

作業効率を上げ，手戻りをなくすためのポイントを抑える

何となくモデリングを始めると，後からいろいろ問題が生じたり，途中でつまずいてしまったりと，結果的に時間がかかってしまうことも多くあります．最初の時点できちんと状況を把握し，手順を確認しておきましょう．

①座標原点をどこに設定するか

最優先項目です．詳しくはテクニック 45で説明します．

②ベースフィーチャーの形状

ベースフィーチャーをどのような形状にするか，考えているモデルのどこをベースフィーチャーにするのかということは，後の作業に大きな影響を与えます．この問題は，作成しようとするモデルが複雑なほどより重要になってきます．

POINT モデリングを行う場合，基本的には一つのモデルを作成（スケッチ→フィーチャー）した後，それに複数のフィーチャーを追加していきます．このとき，最初に作成する元となるフィーチャーを「ベースフィーチャー」といいます．

Example 1

右図(a)のモデルを作成します．

(a)

(b)

手順

最初に，図(b)のような単純な円柱をベースフィーチャーとして作成します．

Example 2

右図のモデルを作成します．ベースフィーチャーとしては，フィーチャー１とフィーチャー２の２通りが考えられますが，どちらがよいでしょうか．

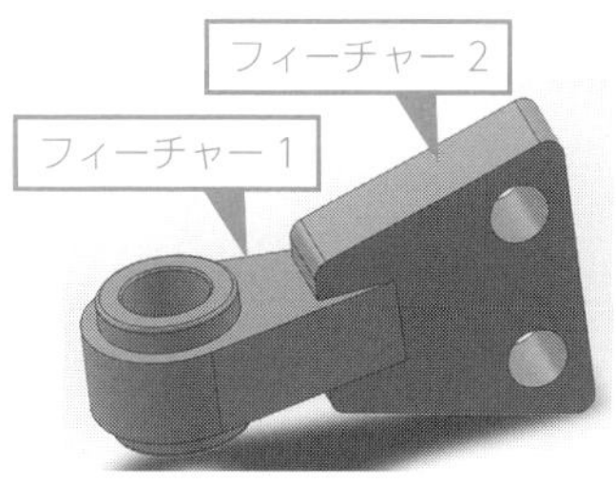

手順

どちらでも問題なさそうですが，フィーチャー１の座標原点を円弧の中心にとっておくと，後の作業（ボス作成 → ミラー → 穴開け）が楽になるため，そちらの方法がおすすめです．また，フィーチャー１を押し出しで作成する場合，「ブラインド」ではなく「中間平面」を利用するほうがよいこともわかります (→テクニック 33)

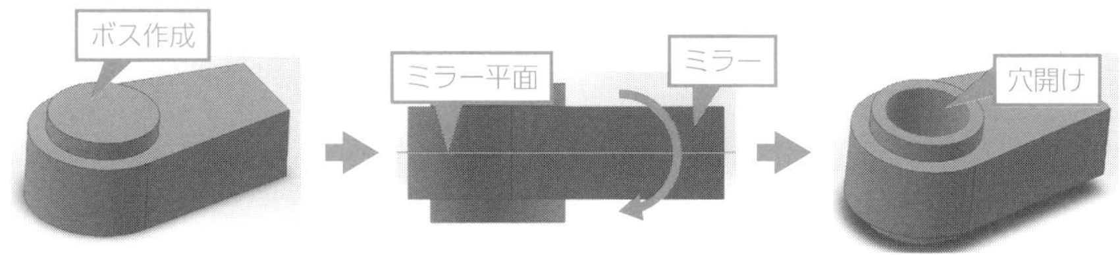

③フィーチャーの順番

ベースフィーチャー作成後に追加するフィーチャーの順番を把握しておきます．後に影響するものとしないものとがあるので，注意が必要です．

Example 3

先ほどの「ボス作成」→「ミラー」→「穴開け」の手順を,「穴開け」→「ボス作成」→「ミラー」と変更します．

手順

ボスを作成する際，単純な円ではなく，穴を避けるように二重の円を描きます．

! 単純な円を使用してボスを作成すると，右図のように穴の上下が塞がってしまいます．あらかじめ二重の円を描くことを意識しておかないと，このように作業してしまい，慌ててスケッチを修正するはめになります．
　また，二重の円を描くとしても，Example 2と比較すると手順が増えることになります．

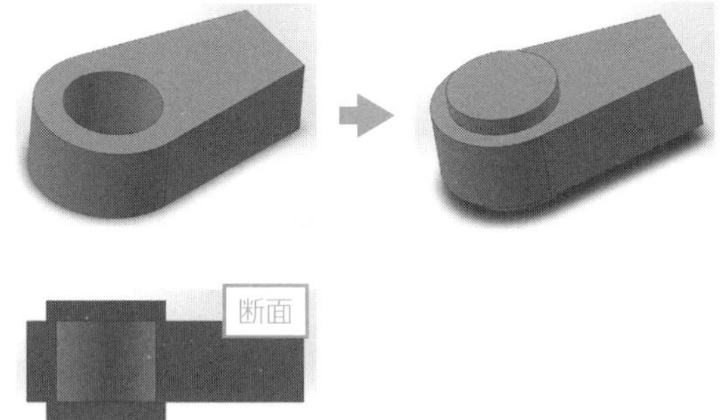

POINT 穴開けを伴う場合は順番がとくに重要になってきますので，基本的に穴開けはすべてのフィーチャーを作成した後，最後に実行すると考えておくほうが確実でしょう．

④スケッチの形状

同じ形状を作成する場合でも複数の方法が考えられますが，基本的にはスケッチは単純な形状にしておき，順にフィーチャーをつけ加えていく方法が理想です．

POINT スケッチを単純な形状にすると，
- 寸法指定が少なくなる
- モデルを修正する場合の手間が軽減される

という利点があります．

Example 4

右図のモデル（Example 2のフィーチャー 1）を作成します．

手順

以下のように4パターン考えられますが，スケッチを比較するとパターン4がもっともシンプルです（円と四角，直線のみ）．

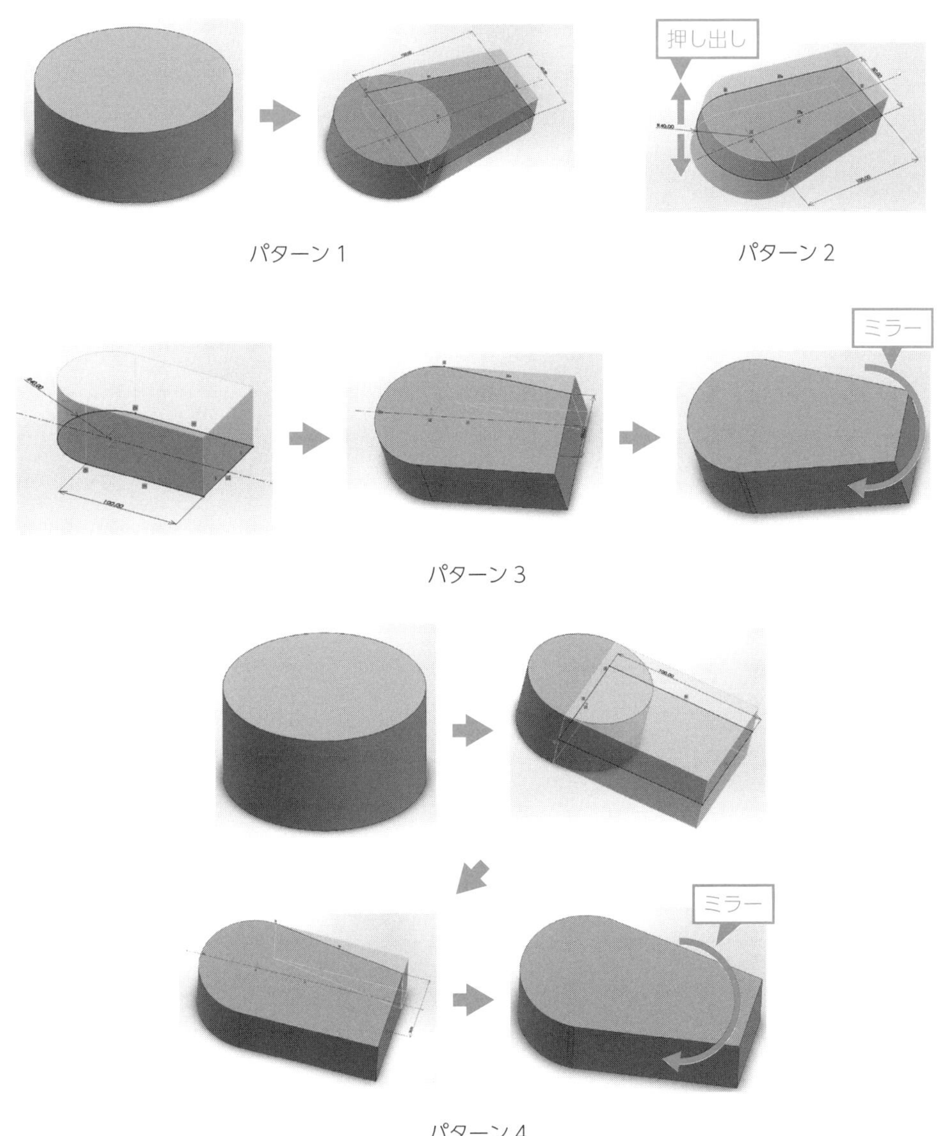

パターン 1

パターン 2

パターン 3

パターン 4

パターン 2 はスケッチ形状が複雑ですが，幾何拘束をきちんと利用すれば寸法指定の場所は減らせます．場合によっては押し出しフィーチャーのみで作成できるので，フィーチャー化の手順が多いパターン 4 よりもパターン 2 のほうがよい，という結論もありえます．

⑤計算寸法を使用しない

ここでの説明は，通常の製図のような2次元の図面を参照して3次元のモデルを作成する場合のみを対象とします．

Example 5

右図に示す2次元図面をもとに，Example 2のフィーチャー2を作成します．ϕ 15.00の穴の位置をスケッチの「スマート寸法」を用いて指定します．

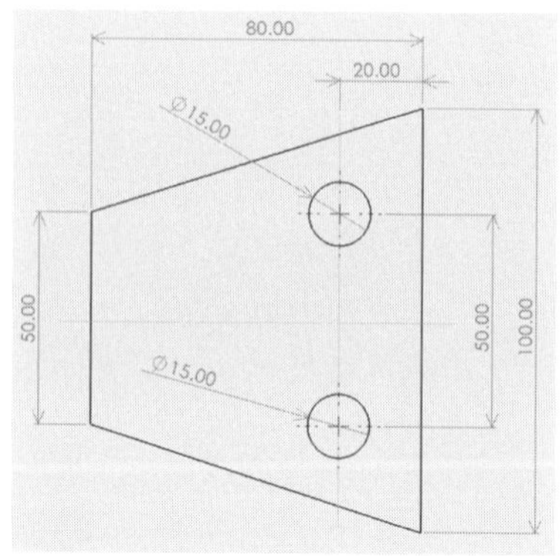

手順

2次元図面のように，中心線に対して均等になるように寸法50.00 mmを入れます．

! 右図のように，端からの距離を（100.0 − 50.0)/2と計算して指定しても，モデルは寸法どおりになります．しかし，作成後に元の2次元図面と比較して確認する場合，計算した寸法の箇所が多いほど，確認に手間がかかります．計算に電卓が必要な場合はなおさらです．

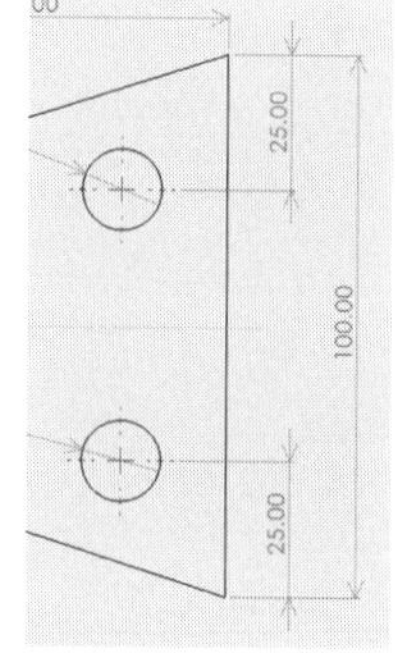

POINT 寸法を計算して使用することを本書では「計算寸法」とよびます．全体の作業効率を考慮すると，計算寸法は使用すべきではありません．

⑥修正を考慮したモデル作成

ものづくりにおいては，多くの場合には設計変更が伴います．そのため，モデルを作成する際には，修正が容易になるように配慮しておくべきです．

スケッチに関しては「④スケッチの形状」で説明しました．フィーチャーに関しては，可能な限りフィーチャーの機能を利用して省力化することが必要になります．たとえば，「抜き勾配」フィーチャーを用いなくても抜き勾配をもつモデルは作成できますが，手順が大幅に増え，複雑なスケッチも必要になることからおすすめできません（→テクニック35)．

Example 6

右図のモデルを作成します.

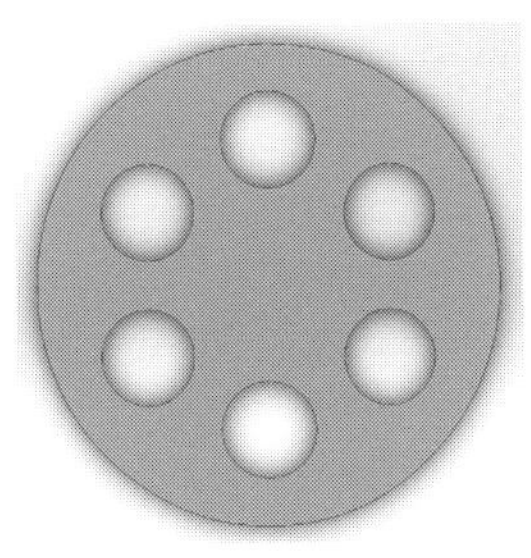

手順

同じ寸法の穴が円周状に等間隔で開いているため,「円形パターン」フィーチャーを利用します(→テクニック12).

穴の寸法や中心からの距離を変更する場合には,基準となる穴の寸法のみを変更すれば十分です.また,穴の個数(間隔)が変更になっても,「円形パターン」側の変更だけですみます.

! 「円形パターン」を利用せず,すべてをスケッチで描いたり修正したりするのは大変です.

Example 7

右図のモデルを作成します.

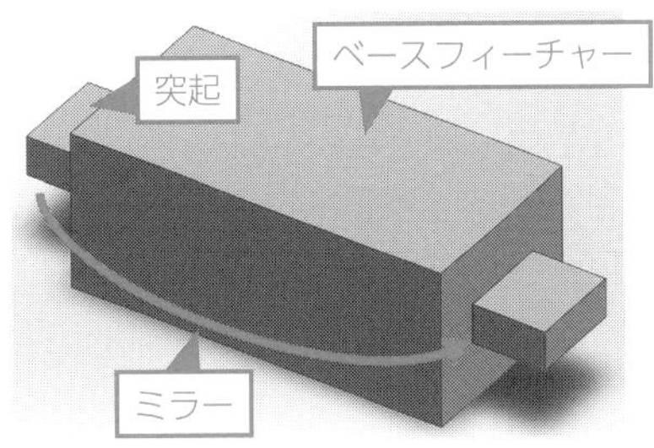

手順

左右対称で突起がついているため,ベースフィーチャーを作成した後,一方の突起を作成し,「ミラー」を使用してコピーするとよいでしょう.

POINT ほかにも,フィレットや面取りにおいて,同じ寸法のものが複数箇所ある場合,まとめて指定しておくという方法もあります.

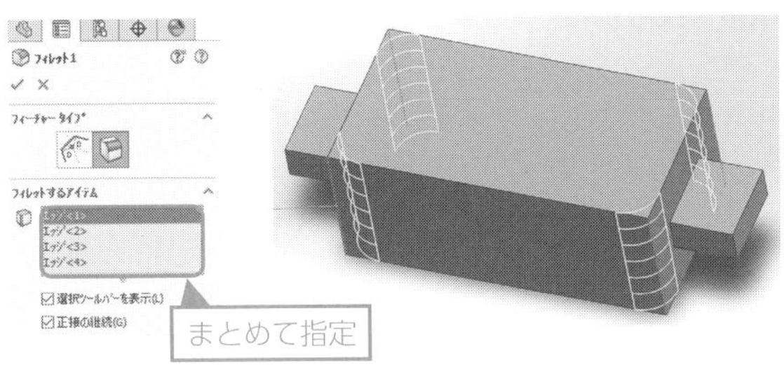

テクニック 44　モデリングを効率的に行う

スケッチ - その他／フィーチャー - その他

効率的にモデルを作成するための要点を理解する

理想的なモデルとは,「作成時間が短く，正確で，かつ修正も容易なもの」です．要点を押さえ，効率的に作業できるようになりましょう．

基本作業

①モデル作成の前に作成手順などの簡単な計画を行う（→テクニック 43）
②「グローバル変数」「関係式」を多用する（→テクニック 38）
③キーボードショートカットを多用する（→テクニック 42）
④ショートカットを多用するため，利き手はマウス操作，反対側の手はキーボード操作を行う（→テクニック 42）

スケッチ

①幾何拘束を多用し，寸法指定の箇所を可能な限り減らす（→テクニック 26）
②計算寸法を使用しない（→テクニック 43 の⑤）
③スケッチ自体はなるべくシンプルな形にする（→テクニック 43 の④）
④「エンティティ変換」を活用する（→テクニック 8，9）

フィーチャー

①「ミラー」や「パターン」（直線パターン，円形パターン）を多用する（→テクニック 43 の⑥）
②フィーチャーの寸法指定において，必要に応じて「グローバル変数」「関係式」を多用する（→テクニック 38）
③フィレット，面取りの指定は同一寸法の箇所はまとめて行う（→テクニック 43 の⑥）
④複雑な形状は，フィーチャーを順次適用することで作成する（→テクニック 43 の④）

テクニック **45**

座標原点の位置に注意する

スケッチ - その他／フィーチャー - その他

続く作業を見据えて座標原点を決める

モデル作成において，座標原点をどのようにとるかという問題は後の作業に大きく影響します．

効率的にモデルを作成する場合にはミラーを多用すべきですが，その場合，ミラー平面が必要になります．ミラー平面は原点を中心とした三つの面（平面，正面，右側面）であることから，座標原点をどこにとるかが重要になります．

また，参照する 2 次元図面の寸法のとり方に合わせて座標原点を指定するのも重要です．

ミラーを利用する場合

Example 1

右図のモデルを作成します．

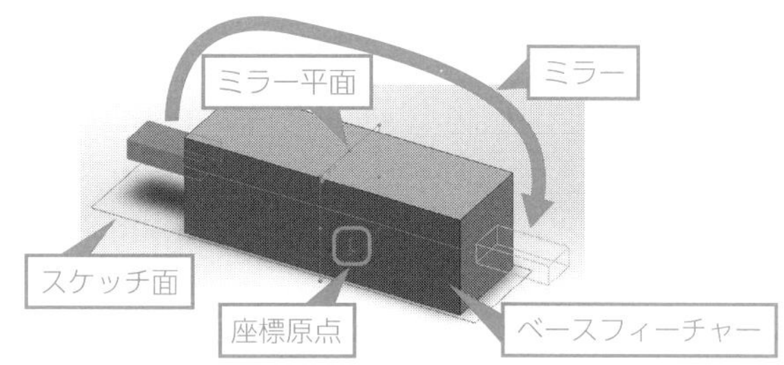

手順

左側の突起をミラーでコピーするために，「右側面」をミラー平面として利用します．そのために，直方体の底面にスケッチを描き，座標原点は底面の中心にします．

POINT ミラー平面が「右側面」になればよいので，この場合には座標原点は底面になくてもかまいません．平面が左右の中間地点であればよいので，ベースフィーチャーの上面でもよいですし，ベースフィーチャー自体を「中間平面」で作成してもかまいません．ミラー平面が 1 面のみの場合には，座標原点のとり方には比較的自由度があるといえます．

Example 2

Example 1のモデルを，右図のように変更します．

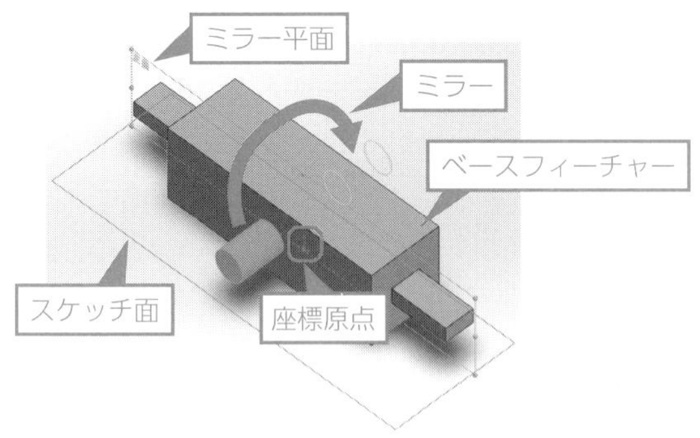

手順

Example 1の作業の後，新たに突起を追加します．ミラー平面は「正面」であり，座標原点は底面でなくてもかまいません．

POINT この例ではミラー平面として「右側面」および「正面」の二つを利用しますが，座標原点設定の自由度は Example 1とほぼ変わりません．「正面」をミラー平面として利用するために，座標原点は前後の厚みの中間地点である必要があります．

Example 3

Example 2のモデルを，さらに右図のように変更します．

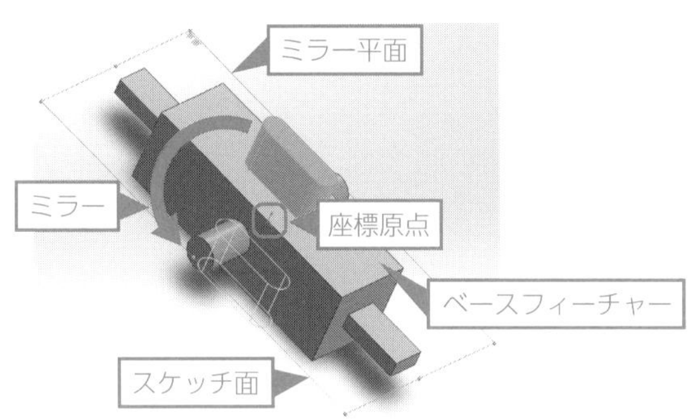

手順

Example 2の作業の後，さらに突起を追加します．「平面」をミラー平面として，突起をコピーします．

! 「平面」をミラー平面とするため，座標原点はベースフィーチャー内部の中点（3次元的に考えて中間の地点）でなければいけません．

POINT 平面，正面，右側面の3面すべてをミラー平面として使用する場合には，ベースフィーチャーは「中間平面」で作成しておく必要があり，結果的に座標原点はベースフィーチャー内部の中点となります．

寸法のとり方が影響する場合

2 次元の図面があり，それをもとにモデル化する場合などは，寸法指定の方法によっては，座標原点の位置への配慮が必要になります．

Example 4

右図の 2 次元図面を使用して 3 次元モデルを作成します．

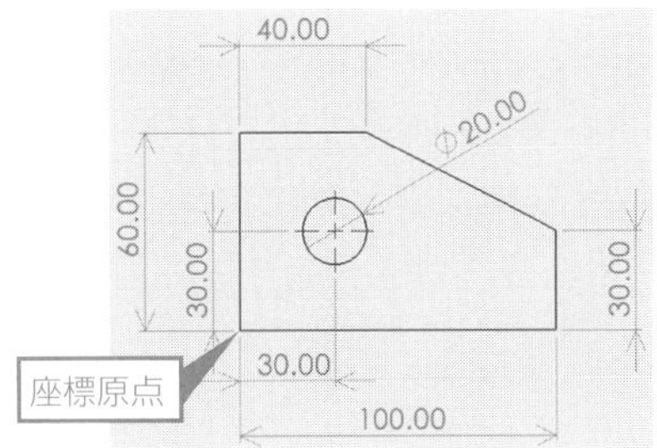

手順

寸法をよく見ると，左下隅を基準とした寸法指定になっています．つまり，左下隅からの距離を指定しているものが大半になっています．このような場合は，座標原点は左下隅にすべきです．

POINT もっとも多くの寸法の基準となる位置に座標原点をとるとよいでしょう．

Example 5

右図に示す 2 次元図面を使用して 3 次元モデルを作成します（p.109 のフィーチャー 1）．

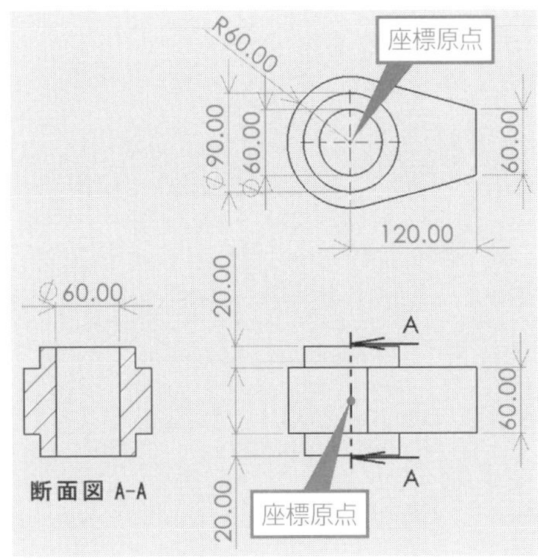

手順

基本的には Example 4 と同様です．外径が円弧であり，さらに円のボスがついていて，穴も開いていることから，座標原点は図に示す位置にすべきです．また，円の中心からの距離（120 mm）も指定されていることから，なおさらこの点がよいでしょう．

- ミラーフィーチャーを利用する場合には，ベースフィーチャー作成時の座標原点に注意する.
- とくに三つの面（平面, 正面, 右側面）すべてをミラー平面として指定する場合には，ベースフィーチャーは中間平面で作成する.
- 2 次元図面を参照してモデル作成をする場合は，寸法表記で基準としている点や，円や円弧の中心を座標原点に設定することを考える.

テクニック **46**

ソフトウェア特有の注意点を理解する

スケッチ - その他／フィーチャー - その他

ソフトウェア特有の注意点を知り，ミスを減らす

SOLIDWORKS のソフトウェアを使ううえでの注意点や，仕様上の問題点などにも注意し，作業時のミスを減らしましょう．

①モデルの再構築

モデルの修正を複数行った場合，そのままではすべての変更が正しく反映されない場合があります．モデルの修正を行った後は，右図に示す「再構築」アイコンをクリックするよう心掛けましょう．

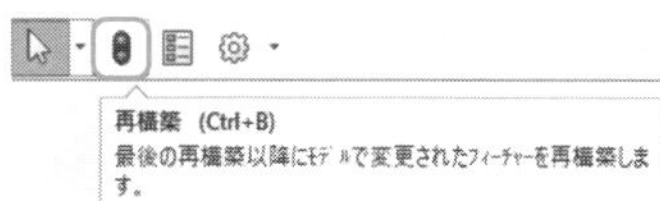

②抜き勾配のコピー

Example 1

右図のように，作成した抜き勾配の部分をコピーします．

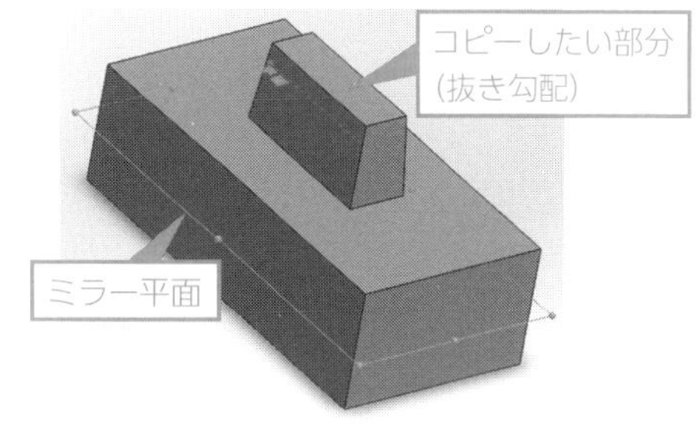

手順

ベースフィーチャーは「中間平面」で作成しているため，「平面」をミラー平面として突起部分をコピーすればよいと考えられますが，通常の設定では正しくコピーできません．

形状を正しくコピーするためには，オプションの設定として「ジオメトリパターン」を選択する必要があります（→テクニック 14）．

Chapter 7 テクニック46

③フィレット，面取りのコピー

Example 2

Example 1同様，右図のような面取りやフィレットがついている部分をコピーします．

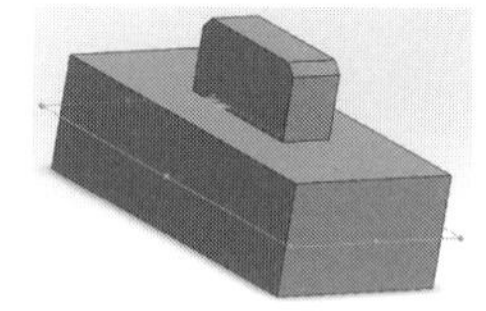
面取り

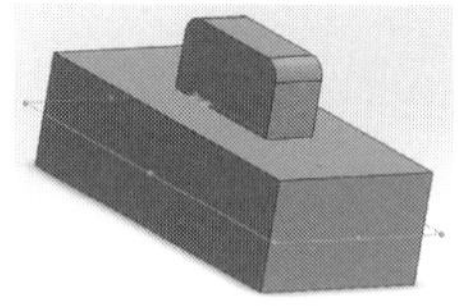
フィレット

手順

フィレットや面取りを含む場合，問題なくコピーできる場合とできない場合とがあります．うまくできない場合には，「ジオメトリパターン」を設定する必要があります（→テクニック14）．ただし，ジオメトリパターンを設定してもできない場合もあります．

! 可能／不可能の条件は明確にはわかりませんが，面取りやフィレットがついている場合，それを含めてコピーできない場合があることは覚えておきましょう．

④スケッチの移動

モデリングの際，スケッチをする面が間違っていたことに気づいた場合は，新たにスケッチを描き直すのではなく，「スケッチ平面編集」の機能を利用して，スケッチを移動させましょう（→テクニック32）．

⑤幾何拘束の再設定

「矩形中心」や「多角形」など，最初から幾何拘束が付与されている図形に対して追加の作図を行い，トリムを用いて余分な線を消去すると，幾何拘束が削除され，完全定義化されていたスケッチも一部が完全定義されない状態になってしまいます．そのような場合は，寸法を追加で入れるか，幾何拘束を再度つけることで再びスケッチを完全定義化する必要があります（→テクニック29）．

Column　CSWA 試験におけるモデリング問題の特徴

CSWA 試験におけるモデリング問題は複数の特徴をもっています．ここでは一般的な内容を紹介します．

① 2 次元の図面が提示される

モデル作成においては，製図のような 2 次元の図面が提示されます．そのため，基本的な寸法の見方や簡単な記号程度はきちんと把握しておく必要があります．なお，参考として 3 次元モデルの画像も提示されます．

②寸法表記に記号が入る場合がある

寸法の箇所に数字ではなく，A，B などの記号が表示される場合があります．その場合，問題文側に A= ○○ mm，B =○○ mm と記載されているので，そちらを参照することになります．なお，多くの場合，A，B の数値は次の問題でも利用されます．つまり，A，B の数値を変更した場合のモデリングが要求されます．そのことから，A, B などの記号で表記されている寸法を最初から「グローバル変数」で定義しておけば，次の問題はその数値を変更するのみで対処できるので，時間を短縮できます（→テクニック 38）．

③モデル作成後の質量を解答する

多くの場合，モデルの材質が提示されているので，材料を指定する必要があります．そして，モデルの質量が問われるので，「材料編集」「評価」の利用を念頭に置きましょう（→テクニック 40，41）．

④最初に作成したモデルを順次変更する

問題は複数出題されますが，2 問目以降は，1 問目のモデルを修正する問題になります．簡単な場合は②のように寸法指定を変更する問題ですが，材料指定が変更される場合もあります．さらに，1 問目のモデルをもとにして，フィーチャーを追加してモデルを順次変更する場合もあります．

このように，1 問目のモデルを基準として順次変更していく形になりますので，1 問目のモデル作成が間違うと，それ以降のモデルすべてが間違うことになります．そのため，1 問目のモデル作成は慎重に行う必要があります．さらに，モデル作成後は 2 次元の図面をもとに寸法の確認を行い，間違っていたらその段階で修正することも重要になります．

⑤単位系に注意

単位系として，MMGS ではなく，IPS が利用される場合があります．そのため，単位系の切り替え方法を確認しておくとともに，モデル作成前に単位系を確認し，IPS 単位系であれば最初に切り替えておく必要があります（→テクニック 39）．

Chapter

8 アセンブリのコツ

テクニック 47 アセンブリの要点を把握する

アセンブリの前に - 読み込む順序を確認しよう

作業効率を上げ，手戻りをなくすためのポイントを抑える

アセンブリでは複数の部品を読み込みます．そのため，読み込む順番やアセンブリの仕方などを理解しておかないと，後でつまずきかねません．

①部品を読み込む順番は最初に決めておく

もっとも気をつけることは，最初に読み込む部品です．最初に読み込んだ部品は「固定」され，移動などができません．そのため，土台部分など基本的に可動部がない，部品が回転や移動しなくてもよいものを選定しておく必要があります．

Example 1

右図のようなアセンブリを作成します．どの部品から読み込むのがよいでしょうか．

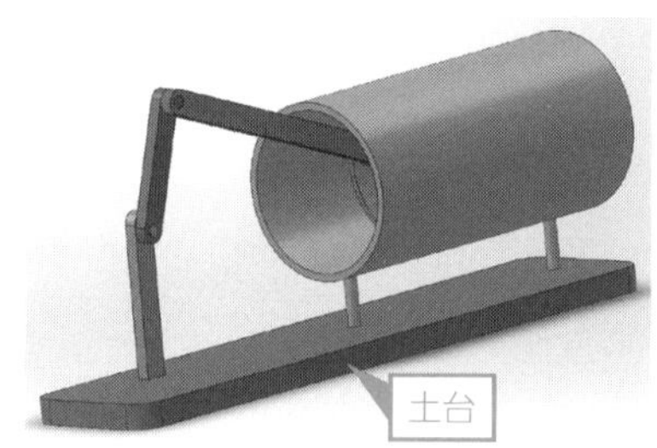

手順

この場合，最初に読み込むべき部品は土台となる平板になります．

②原点の扱い

モデリングされた部品は，それ単体で座標原点をもっています．一方，アセンブリする場合には，アセンブリ側も独自に座標原点をもっています．つまり，座標原点が複数存在します．

多くの場合はそれでも問題ありませんが，特定の部品の座標原点とアセンブリ側の座標原点を合わせる必要が生じる場合もあります．(→テクニック 48)

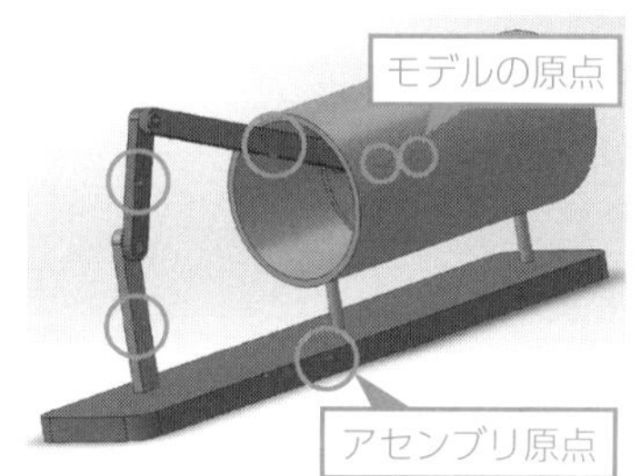

③同一の部品を使用する場合には新たに読み込む必要はなく，コピー可能

ピンやネジなどの小物の部品や，同じ長さのクランク棒など，まったく同一の部品をアセンブリ内で複数利用する場合，毎回部品の読み込みを行う必要はありません．一度読み込んだ部品をコピーすることが可能です．(→テクニック 53)

④合致は面と面，線と線で行う

面と線との合致も可能ですが，その場合，意図しない合致になってしまう場合がありますので，注意が必要です(→テクニック 20)．

Example 2

右図のようなアセンブリを作成します．

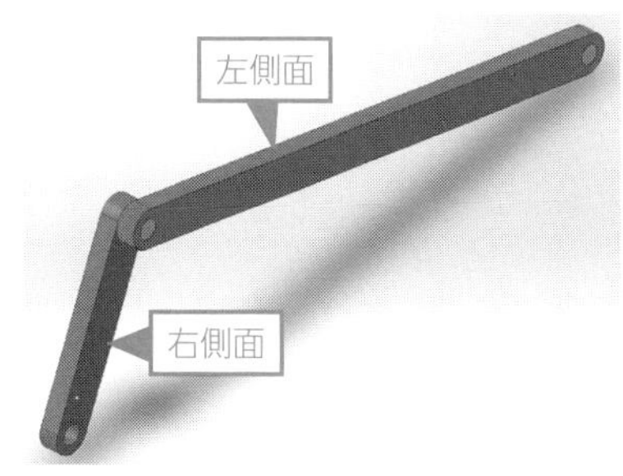

手順

2本のリンクの穴を「同心円」で合致させた後，リンクどうしを合致させるには，下側のリンクに関しては右側面を指定し，上側のリンクに関しては左側面を指定します．

! 図では面どうしを指定していますが，面と線との合致で行うことが可能な場合もあります．単純な場合には問題なく合致できることもありますが，うまくできないこともあるので，基本的には面と面，線と線での合致を習慣づけておきましょう．

- 部品を読み込む順番は最初に決めておく．最初に読み込んだ部品は「固定」される．
- アセンブリ原点とそれぞれの部品の座標原点は異なる．つまり，複数の座標原点が存在する．
- 同一部品はコピー可能（新たに読み込む必要はない）．
- 合致は面と面，線と線で行う．

テクニック 48 部品の原点とアセンブリ原点を一致させる

アセンブリ - 原点はどこ？

アセンブリ原点の扱い方を身につける

最初に読み込む部品が前後あるいは左右対称であり，その部品の座標原点が中央にあるような場合には，アセンブリ原点と座標原点を一致させておくと，中心からの位置関係を把握しやすくなります．

また，アセンブリファイルにおいて「評価」を使用する場合，基本的にはアセンブリ原点を基準点とした評価になりますので，基本となるモデルの座標原点から離れた位置にアセンブリ原点があると支障が生じる場合があります．

Example

アセンブリを新規に開始し，最初の部品を読み込みます．このとき，読み込む部品の座標原点とアセンブリ原点を一致させます．

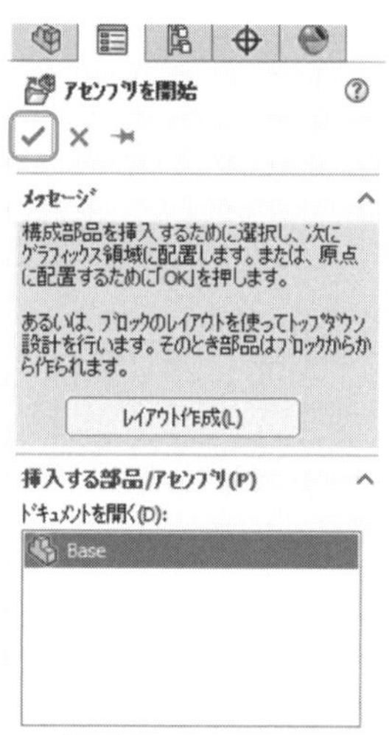

手順

部品を読み込んだ後に，上図の✔を選択します．

! 通常の部品の読み込みと同じように，画面の適当な場所でクリックすると，アセンブリ原点と読み込んだ部品の原点が異なります．

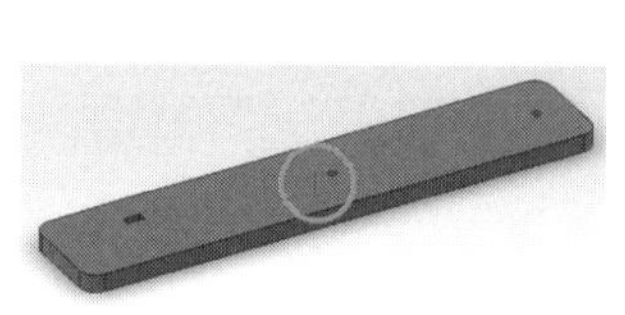

一致する場合

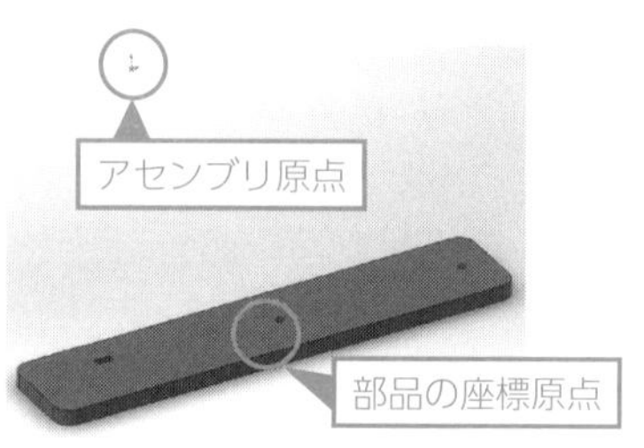

一致しない場合

アセンブリ原点の表示／非表示を切り替える

手順

①ヘッズアップビューツールバーの👁アイコンの横の▼を選択
②プルダウンメニューから，「アセンブリ原点」アイコン（「部品の座標原点」アイコン）を選択

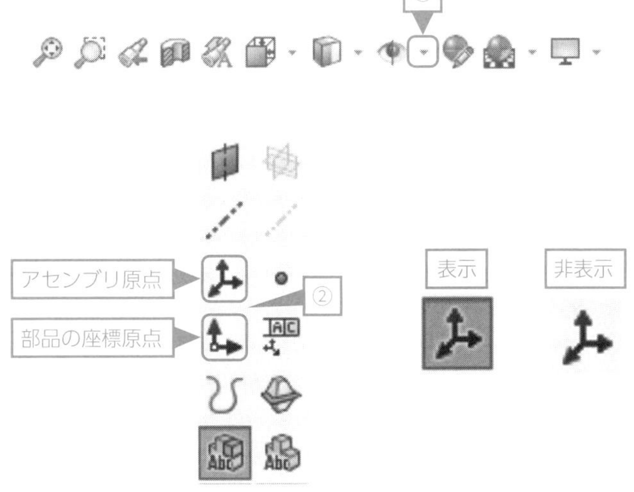

 アセンブリファイルにアセンブリファイルを読み込む（サブアセンブリファイルといいます）場合には，現在のアセンブリファイルの座標原点とサブアセンブリファイルの座標原点が一致するため，原点の違いを意識する必要がなく，原点の位置に注意する必要がなくなります．

- アセンブリの場合，アセンブリ原点と部品原点の 2 種類が存在する．
- アセンブリ原点と部品原点を一致させる場合には，部品読み込みの際に画面左上の ✓を選択．

テクニック 49

アセンブリ原点を新規作成する

アセンブリ - 原点はどこ？

「評価」しやすい位置に原点を作成する

完成したモデルの重心位置や部品の長さを測定する場合（→テクニック41），アセンブリ原点の位置のとり方により，数値の表記のされ方が異なります（→テクニック50）．そのため，そうした数値を確認しやすい位置にアセンブリ原点を新規作成すると大変便利です．

POINT SOLIDWORKS では，アセンブリ原点の新規作成だけでなく，位置の変更を行うこともできますが，本書では新規作成のみを扱います．

Example

右図のように，部品の座標原点とアセンブリ原点が一致しています．このとき，部品の端の位置にアセンブリ原点を新規作成します．

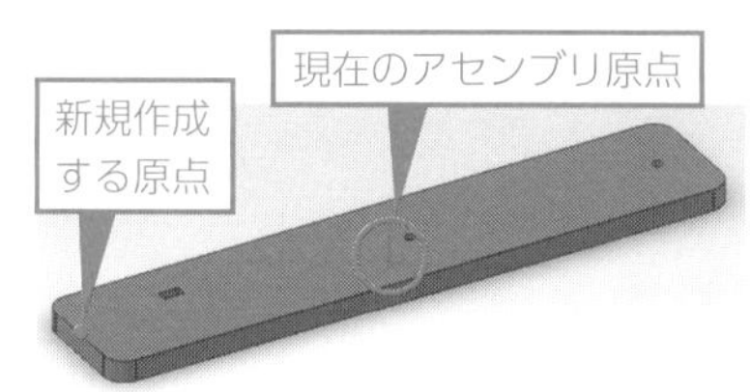

手順

①スケッチ機能を用いて，新しく原点にしたい箇所に点を作成→スケッチを終了
②「アセンブリ」→「参照ジオメトリ」→「座標系」を選択
③新たに原点にしたい点（スケッチで作成した点）を選択
④ X, Y, Z 軸にするエッジを選択

POINT 必要に応じてモデルを回転させると選択しやすくなります．

⑤左上の✔を選択

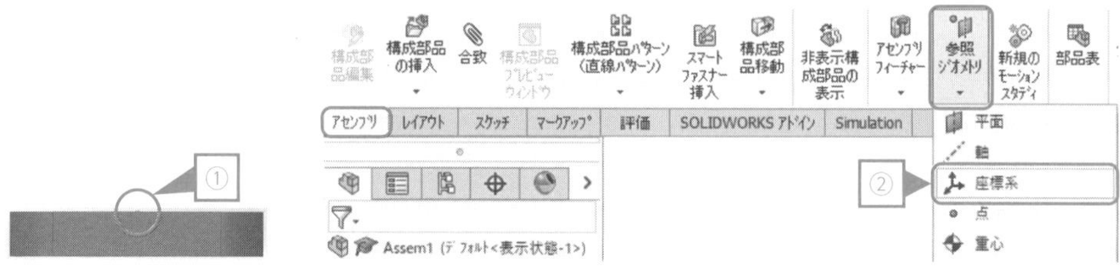

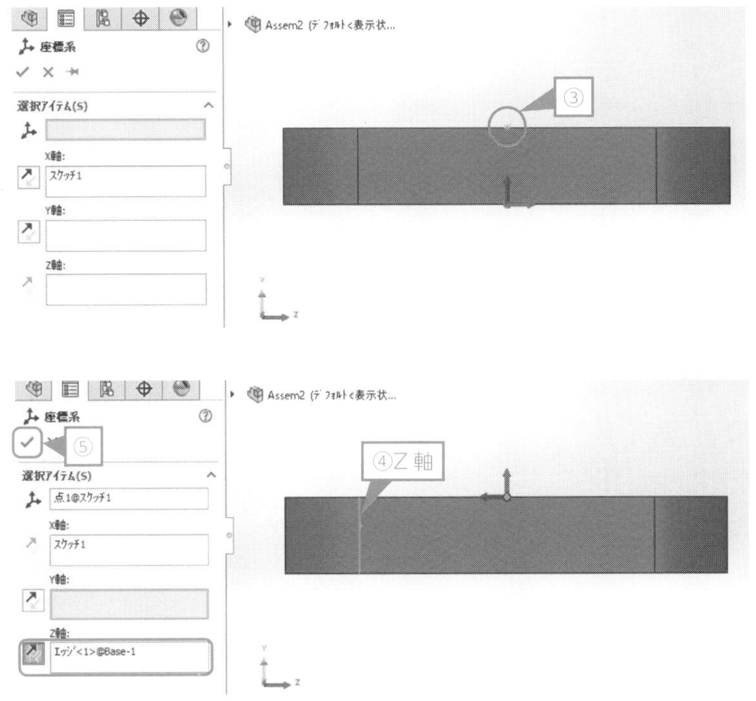

POINT 新しく作成した座標系は通常では見えません．Feature Manager において，「座標系 1」をクリックするとグレーで表示されます．クリックにより表示／非表示が切り替わります．

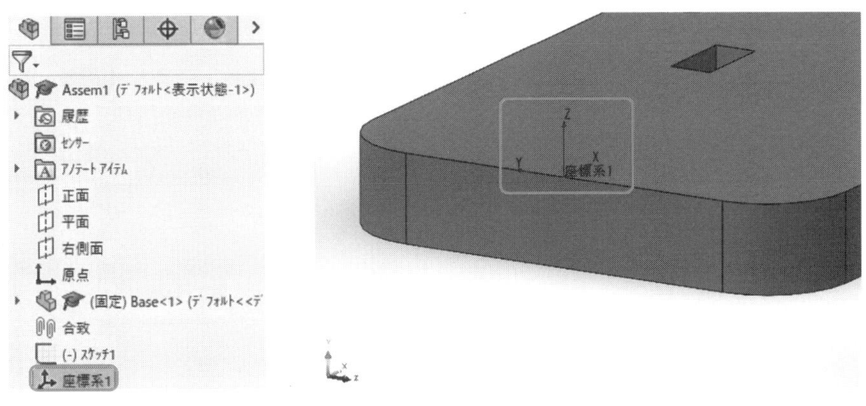

Chapter 8 テクニック49

- アセンブリ原点を新規作成する場合には，スケッチの「点」を利用する．
- 新規に作成した座標系は通常は見えず，Feature Manager において新たに作成された「座標系 1」を左クリックすることで表示可能．

テクニック **50**

アセンブリ原点の位置の違いを理解する

アセンブリ - 原点はどこ？

アセンブリ原点の位置と，「評価」での表示の関係を理解する

アセンブリ原点の位置の違い（座標系の違い）により，位置座標の表記が変わるので注意が必要です．

測定時の幅の表示

右図のように左端にアセンブリ原点を作成すると，「測定」を用いてアセンブリ後の左右の幅を確認できます．つまり，組み立てたときの全体の大きさが評価できます．

また，リンクが動いたことで，土台から最大どの程度横方向にはみ出すのか，あるいはどの程度余裕があるのかの確認もすることができます．

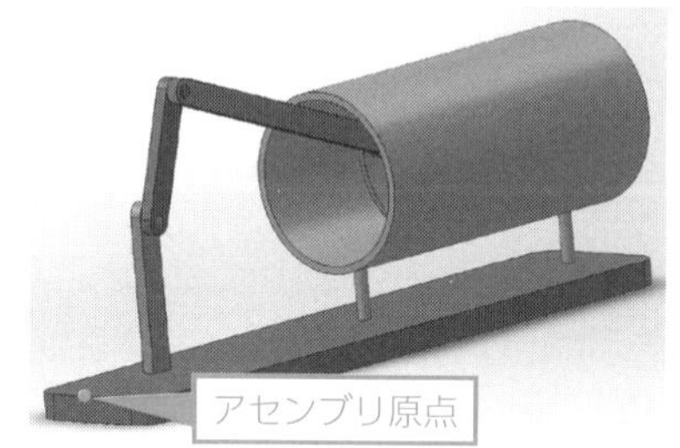

重心位置の違い

「評価」では，重心位置を確かめることができます（→テクニック 41）．重心座標は原点のとり方に依存しますので，座標系が異なると重心位置の表示も異なります．

Example

上図のモデルにおいて，アセンブリ原点が土台の中心（土台の原点と一致）にある場合と，土台の左端にある場合とで，重心位置の表示の違いを確かめます．

手順

「質量特性」において，新規作成した座標系における各種値を表示させる場合は「次に関連する出力座標系をレポート」の右側にある⌄をクリックして，表示させる座標系を選択します．

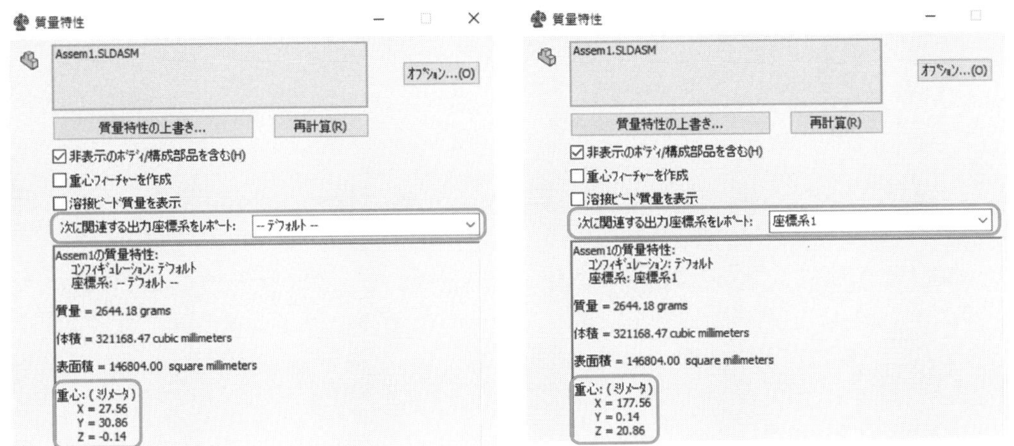

(a) 原点が一致（デフォルト）　　(a) 新規作成した「座標系 1」を指定

・座標系を新規作成した場合の効果は「評価」にある.
・評価の際には座標系を切り替える必要がある.

テクニック 51　軸を一時的に表示させる

完成したら - 材料特性を求めよう

軸を一時的に表示させ，「評価」に活用する

「評価」の測定機能を用いて穴どうしの距離を測定する場合（→テクニック 41），通常では穴の中心位置が表示されず，測定できません．そのようなときは，穴の中心を示す軸を表示させましょう．そうすることで，測定が可能になります．

手順

①ヘッズアップビューツールバーのアイコンの横の▼を選択
②プルダウンからアイコンを選択
③穴の中心に，中心を示す青色の一点鎖線が追加される

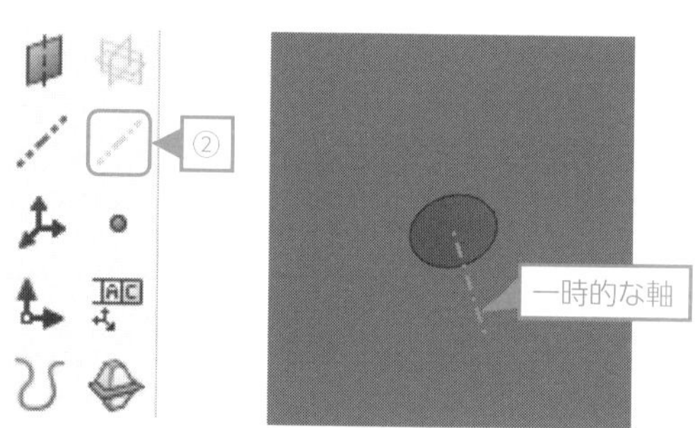

POINT　表示された「一時的な軸」を選択できるので，この軸を利用して距離の測定などができます．表示を消したい場合には再度同じアイコンを選択します．

・「評価」の測定機能を利用して穴の中心位置を測定する場合には，「一時的な軸」の表示を使用する．

テクニック 52　断面を表示する

アセンブリ - ごちゃごちゃして見にくい！

断面表示を用いて，見えにくい部分を可視化する

部品点数が多くなるほど相互に部品が重なり，詳細が見えづらくなりがちですが，そのような場合には断面表示をして確認しましょう．アセンブリにおいて合致をつける際にも，断面表示にすることで容易に作業できる場合があります．

Example

右図のままでは，シリンダ内部の様子がわかりません．断面表示を用いて内部を確認します．

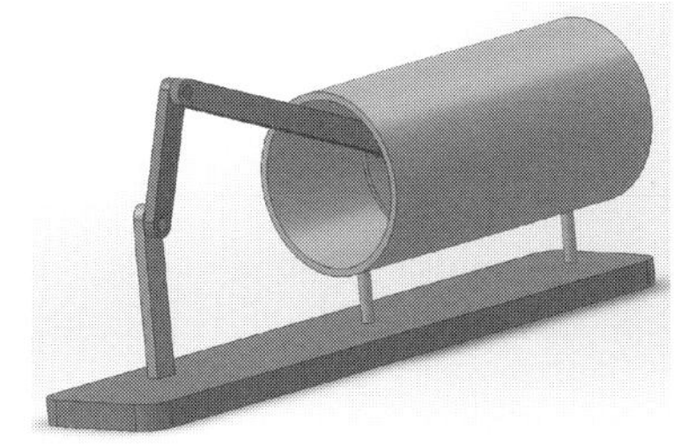

手順

①ヘッズアップビューツールバーのアイコンを選択

②「断面表示」を適切に設定

POINT　平行移動距離や角度を指定することで，現状からずれた面を指定することもできます．

③指定された状態が表示される図面に反映される

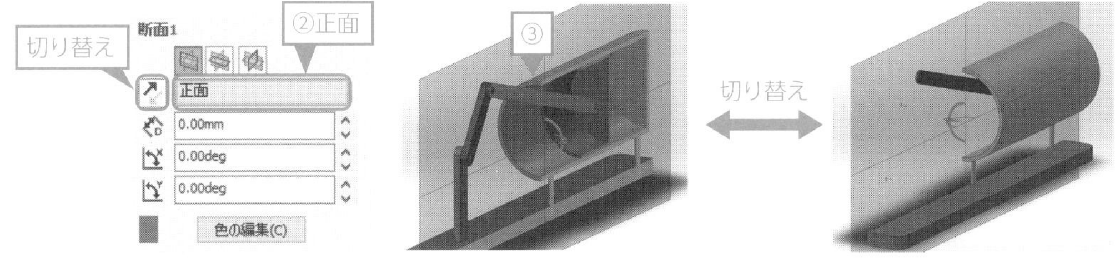

Chapter 8 テクニック 52

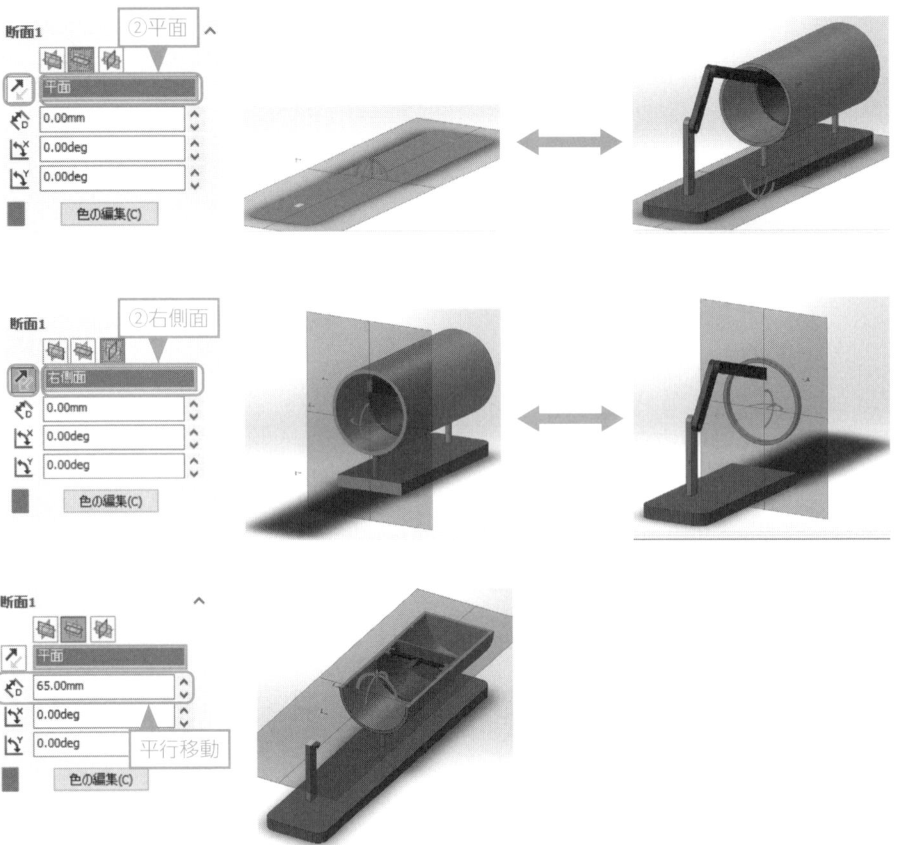

! 断面表示はアセンブリ原点を参照して作成されます．この例では，アセンブリ原点は土台部品の座標原点と一致させています．

- 断面表示は「正面」「平面」「右側面」の３種類で，表示方向の変更も可能．
- 距離や角度を指定して表示させることも可能．
- 断面表示はアセンブリ原点を参照して作成される．

テクニック 53

読み込みずみの部品をコピーする

アセンブリ - その他

コピーすることで繰り返して読み込む手間を減らす

アセンブリを行う際，同一の部品を複数必要とする場合があります．同じ部品を再度読み込むのではなく，画面上でコピーすると作業効率が上がります．

Example

部品を一つ読み込んだ状態です．同じ部品を再度読み込むのではなく，コピーを用いて二つにします．

手順

Windows のエクスプローラーと同様で，コピーしたい部品を，「Ctrl」キーを押しながらドラッグ & ドロップします．

Chapter 8 テクニック 53

テクニック 54

合致を使いこなす：距離合致，角度合致

アセンブリ -「合致」を使いこなそう

「合致」の高度な使い方を身につける

「同心円」や「一致」を使用することが圧倒的に多いと思いますが，そのほかにも一定距離を指定する「距離合致」，角度を指定する「角度合致」があります．便利に使い分けることで，効率よく作業できます．

距離合致

二つの部品間の距離を指定して「合致」を行います．

Example 1

右図において，ピストンとシリンダ内壁の距離を指定して「合致」させます．

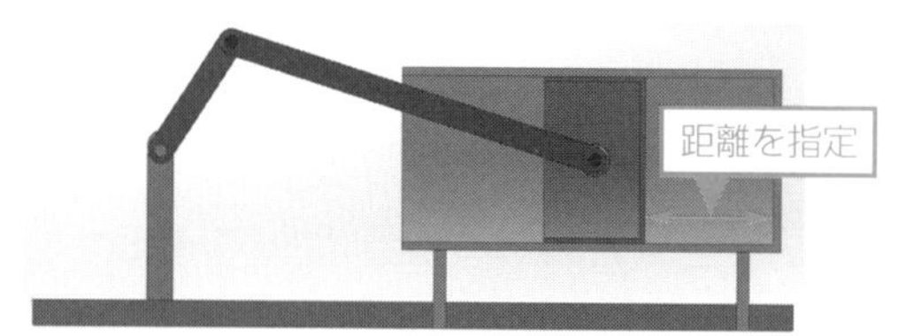

POINT　2本のリンクが回転することにより，シリンダ内でピストンが左右に移動します．ピストンが特定の位置にあるとき，それぞれのリンクの位置や角度などを確認できます．

手順　距離合致

①ピストンの上面を左クリック
②「Ctrl」キーを押した状態で，シリンダ内壁(内側)を左クリック
③「合致」において，「距離」アイコンを選択
④数値を消去し，希望の寸法を入力
⑤✔を選択

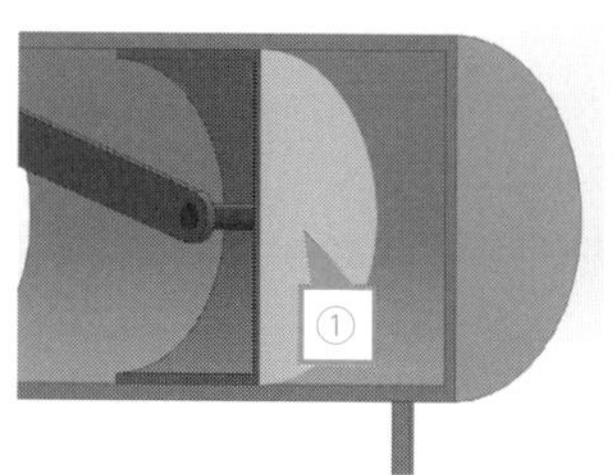

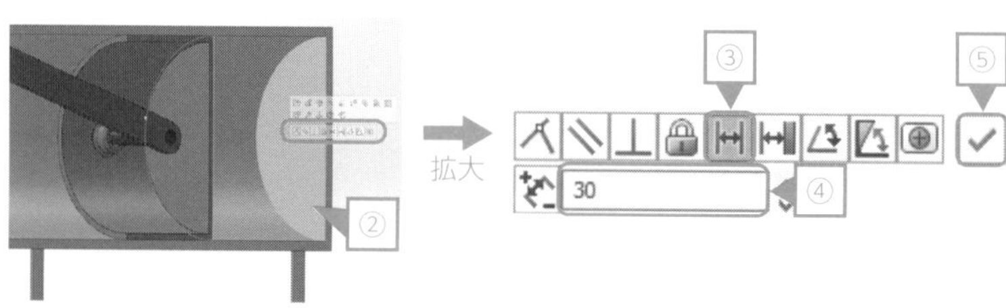

このモデルの場合，リンクが完全に伸びきってもピストンはシリンダ内壁に接触せず，その距離は 22.06mm でした．このようなとき，距離を 22.06mm 以下に設定するとエラーメッセージが表示されます．エラーメッセージが表示された場合には，構造上の問題で「距離合致」ができないと考え，数値を見直す必要があります．

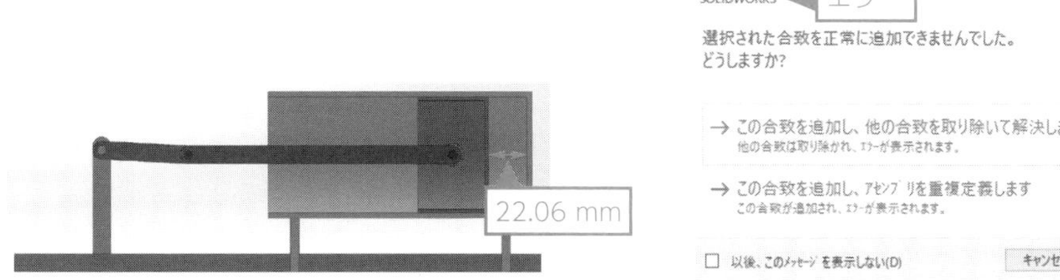

角度合致

二つの部品間の角度を指定して「合致」を行います．

Example 2

Example 1 と同じモデルにおいて，リンクの角度を指定して「合致」させます．

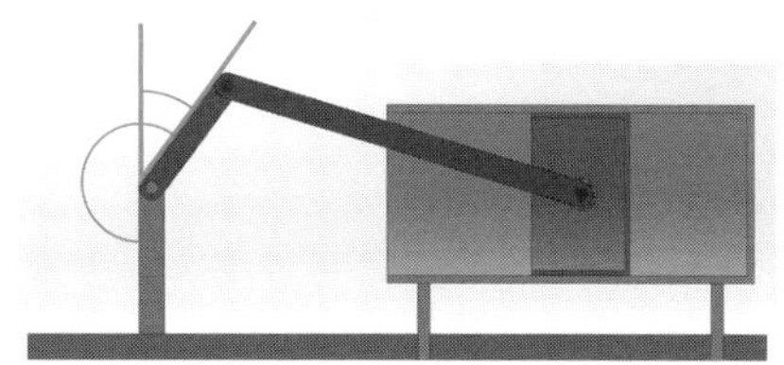

POINT 一方のリンクが特定の角度の位置にあるとき，他方のリンクの角度やそのときのピストンの位置などを確認できます．

手順　角度合致

①基準となるリンクの面を左クリック
②「Ctrl」キーを押した状態で，角度を設定したいリンクの面を左クリック
③「合致」において，「角度」アイコンを選択
④数値を消去し，希望の寸法を入力
⑤✓を選択

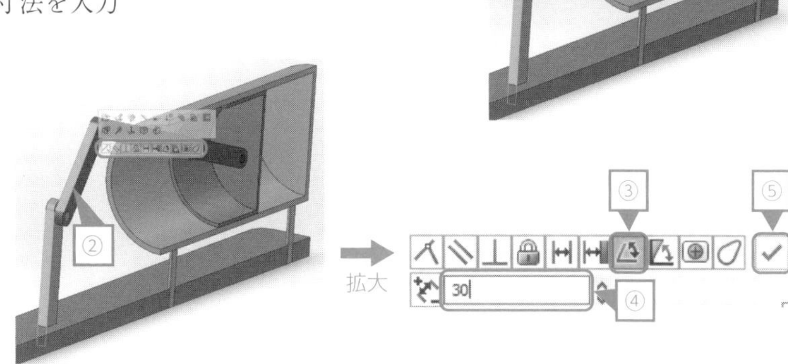

SOLIDWORKS の内部処理の問題により，どこを基準に角度が設定されるのかは単純にはわかりません．上記の例で「30°」「120°」を指定するとそれぞれ下図のようになりました．この例では，下図の角度が基準になっていましたが，他の例では一概にはいえません．

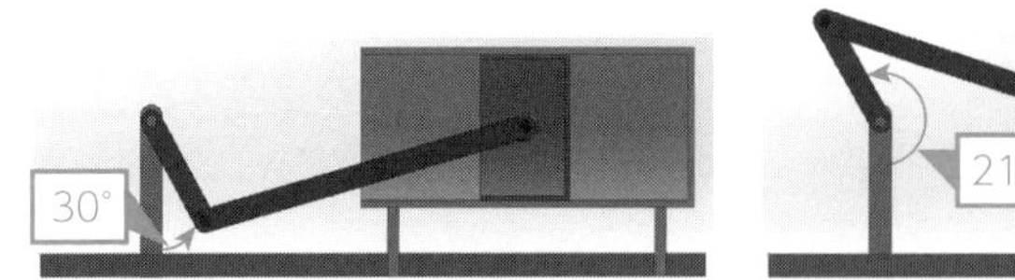

角度を 30° に設定

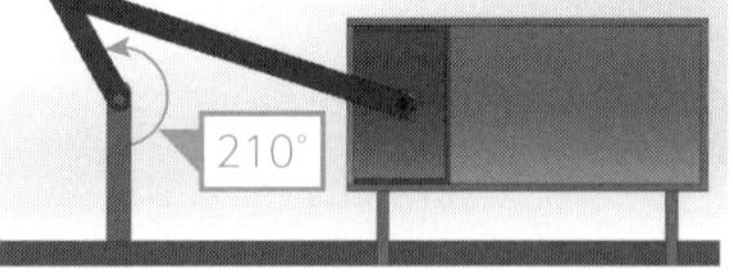

角度を 210° に設定

角度合致における寸法反転，整列

指定する数値を変更して試行錯誤しなくても，数値以外に「寸法反転」と「整列」の条件を追加することでこの問題を解決できます．

手順　寸法反転，整列

①「角度合致」の手順①～④と同様
②「寸法反転」の左側の□にチェックを入れる → 寸法反転
③「合致の整列状態」アイコンのどちらかを選択 → 整列

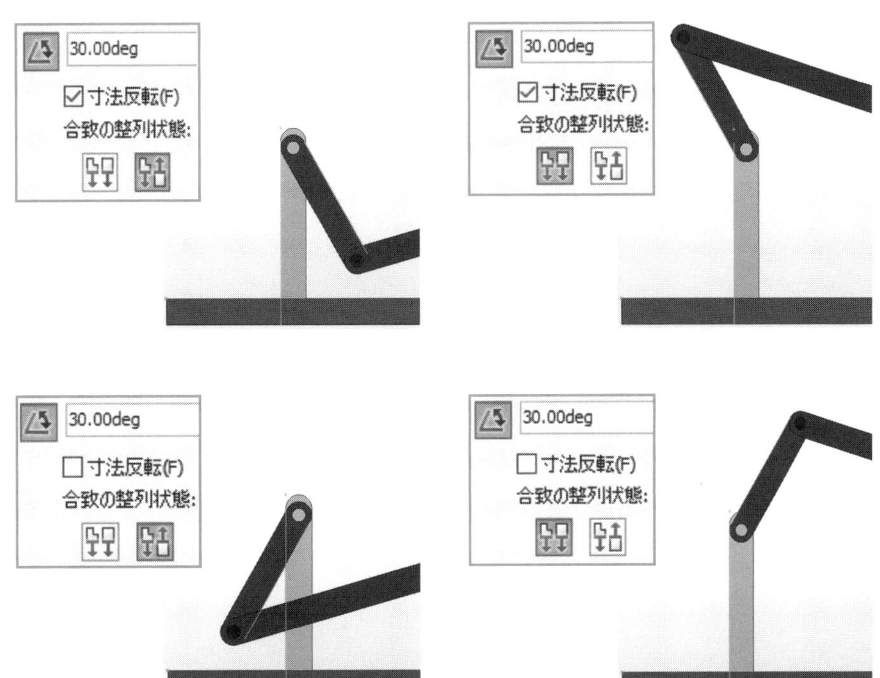

POINT 同じ数値であっても「寸法反転」と「合致の整列状態」の二つのパラメータがあることから，合計 4 通りの状態があります．

POINT 「角度合致」の際は，数値を入力した後，画面を確認しながらこの二つのパラメータを順次変更するのが手っ取り早いでしょう．

- 一定の距離を保った状態を実現したい場合には，「距離合致」を利用する．エラーメッセージが出た場合には，構造上不可能な数値を入力している可能性がある．
- 一定の角度を保った状態を実現したい場合には，「角度合致」を利用する．数値以外に「寸法反転」および「合致の整列状態」の二つのパラメータを変更して，目的とする状態に設定する．

テクニック 55 補助線を追加して測定に利用する

完成したら - 材料特性を求めよう

補助線を引くことで，測定できるようにする

アセンブリをした状態で各種距離の測定などを行いたいとき，補助線がないとうまく測定できない場合があります．そのようなときは，スケッチによる補助線の追加を行います．

Example

右図のアセンブリにおいて，円筒の中心と，支柱として利用しているリンクの中心との距離を測定します．

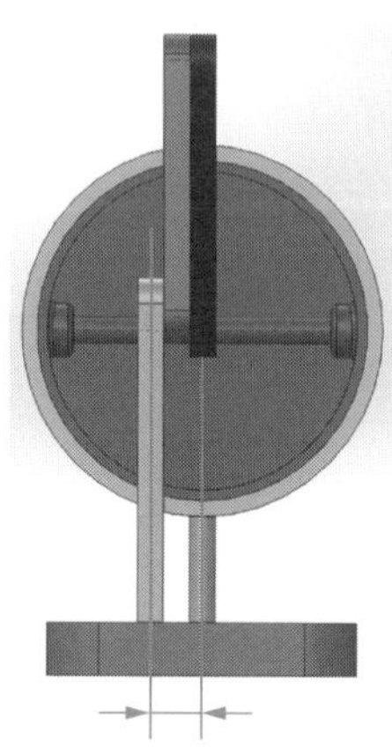

手順

①スケッチ面を選択し，支柱として利用しているリンクの中心に補助線をスケッチ
※特別な方法は必要ありません．

②スケッチを終了

 スケッチ終了後，描いた線はグレーで表示されます．

③手順①で作成した補助線と円筒を支えている垂直な円柱の中心を示す中心線を利用して距離を測定

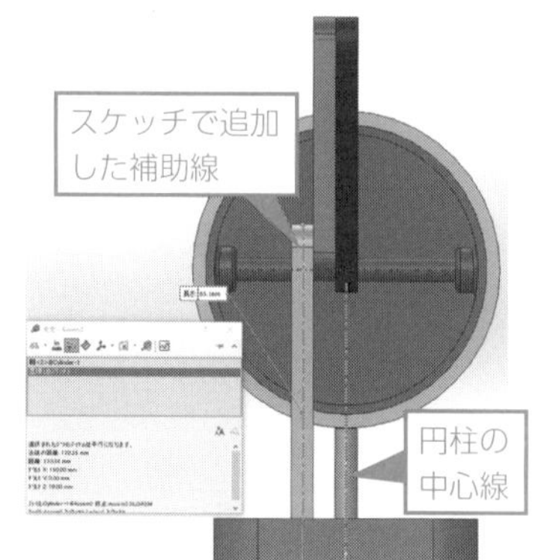

・スケッチ機能を利用して補助線を作成可能．
・作成された補助線は測定に利用できる．

Column　CSWA 試験におけるアセンブリ問題の特徴

CSWA におけるアセンブブリ問題は複数の特徴をもっています．ここでは一般的な内容を紹介します．

①部品類をダウンロードする

指定の場所から部品類をダウンロード（Zip 形式で圧縮されているため，使用する場合には展開する）してアセンブリを行う必要があります．その場合，合致などの条件を指定されます．（○○と○○の部品は「同心円」で合致，○○と○○は「一致」など）．

②断面表示機能を利用しないと解答できない問題も出題される

内部に部品がある場合，アセンブリにおいて断面表示（→テクニック 52）を行わないときちんと合致をつけることができない場合があり，そのような問題が出題されることがあります．また，測定を行う必要がある場合も同様です．

③補助線を追加しないと解答できない問題も出題される

補助線（→テクニック 55）を利用しないと解答することができない問題が出題されることがあります．その場合には，補助線を追加したうえで測定し，距離や角度を解答する必要があります．

④一時的な軸を表示しないと解答できない問題も出題される

「一時的な軸」（→テクニック 51）を表示させないと解答することができない問題が出題されることがあります．その場合には，穴どうしの距離や軸間距離を測定したうえで解答する必要があります．

⑤アセンブリ原点を新たに作成しないと解答できない問題も出題される

アセンブリ原点を新規作成（→テクニック 49）しないと解答することができない問題が出題されることがあります．その多くは，特定の場合（リンクの角度が○○° の場合など）における重心位置を解答するというものです．

⑥指定箇所の角度や距離を変更した結果を解答する問題も出題される

「角度合致」（→テクニック 54）を利用して，指定箇所の角度を固定した場合の距離を解答する問題が出題されることがあります．また，「距離合致」（→テクニック 54）を利用して，指定箇所の距離を固定した場合の角度を解答する問題もあります．

演習問題にチャレンジ！

Challenge スケッチ 1

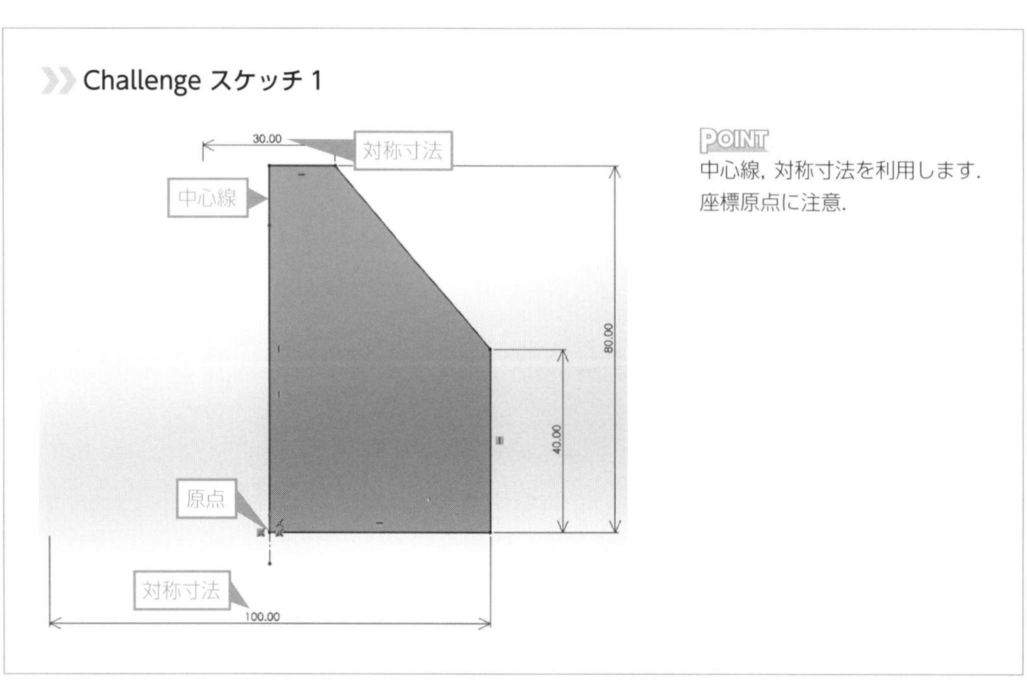

POINT
中心線，対称寸法を利用します．
座標原点に注意．

Challenge スケッチ 2

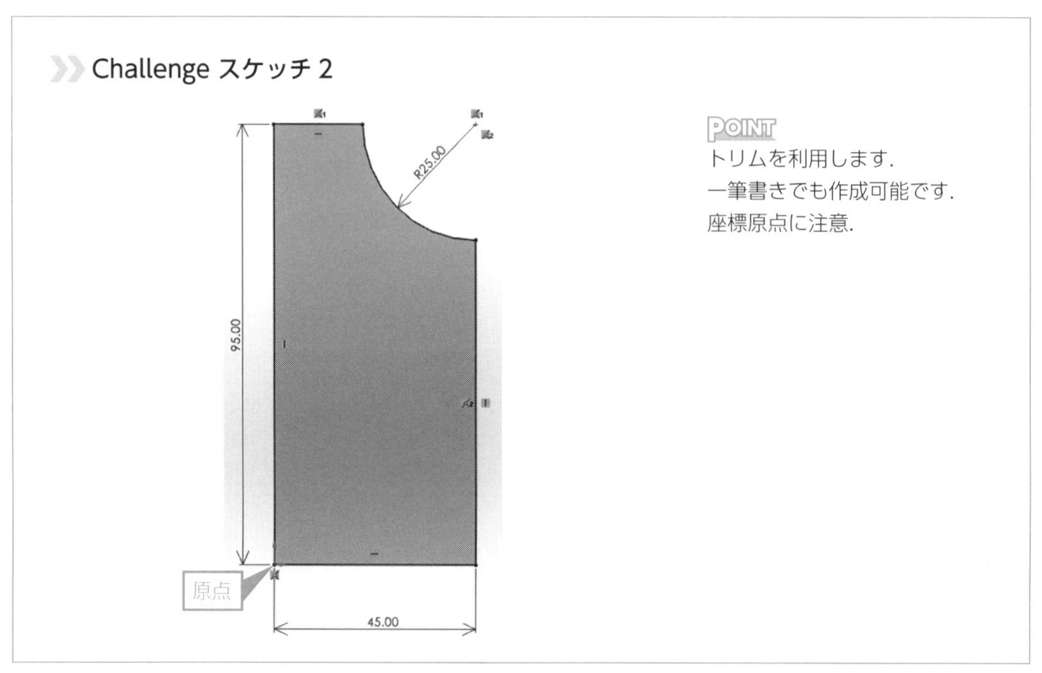

POINT
トリムを利用します．
一筆書きでも作成可能です．
座標原点に注意．

Challenge スケッチ 3

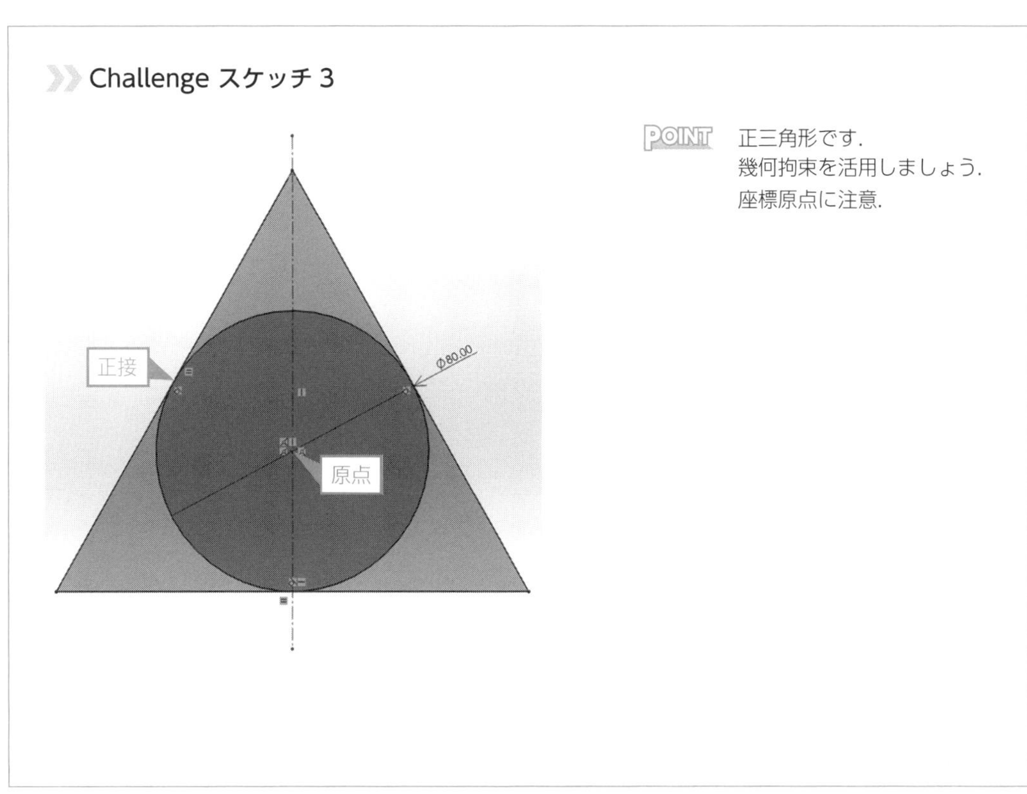

POINT 正三角形です.
幾何拘束を活用しましょう.
座標原点に注意.

Challenge スケッチ 4

トリムを利用した場合とスロットを利用した場合の２通りで作成しましょう.

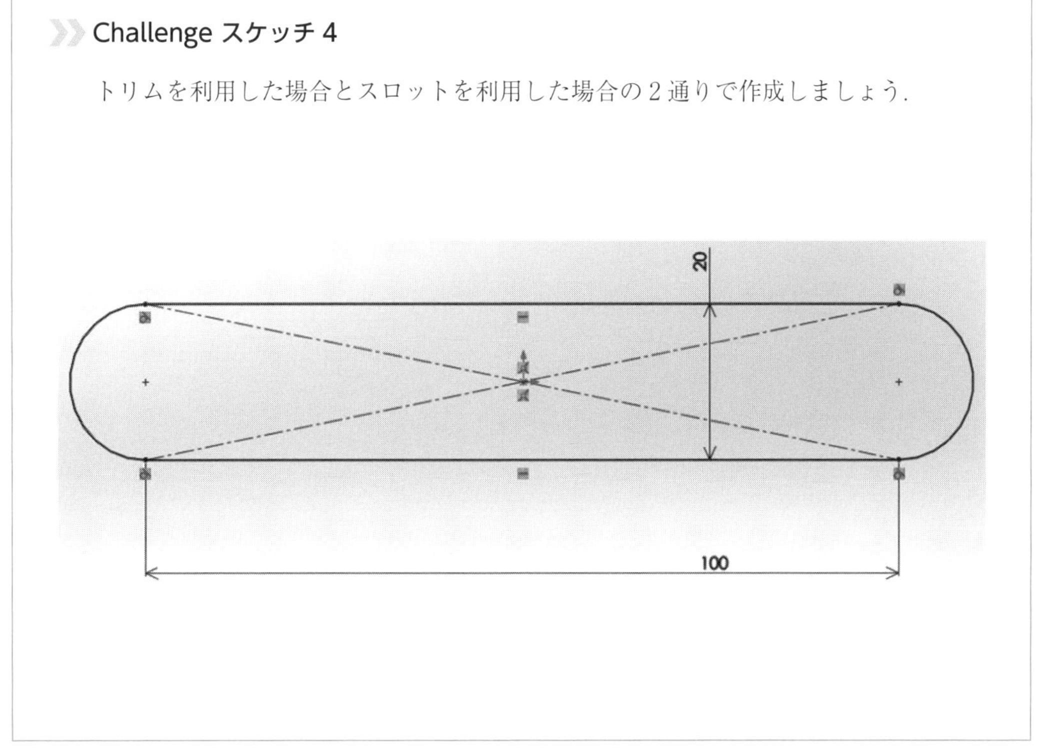

演習問題にチャレンジ！

Challenge スケッチ 5

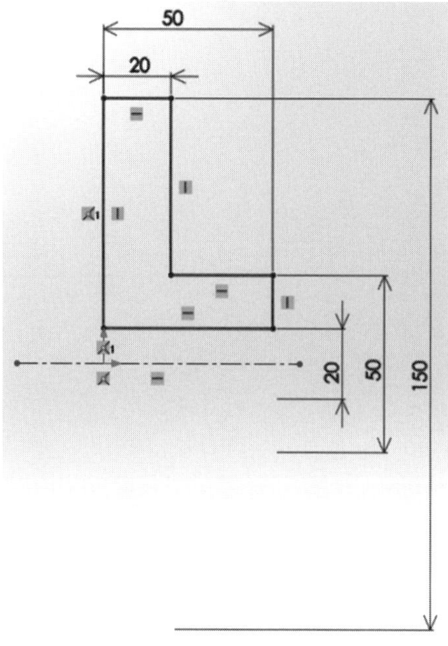

POINT 中心線，対称寸法を利用します．
座標原点に注意．

Challenge スケッチ 6

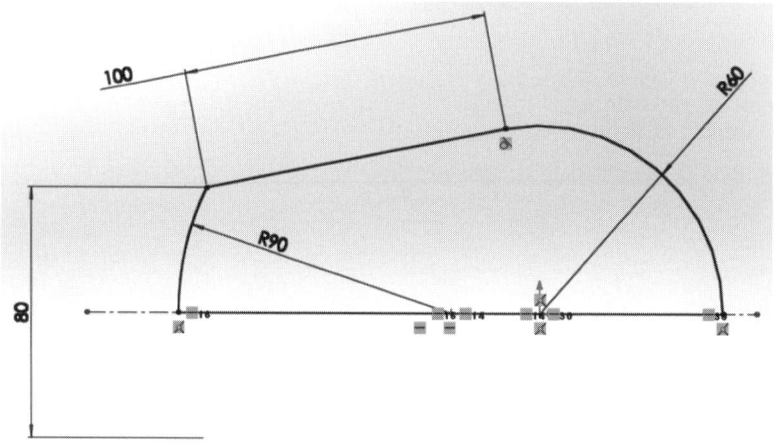

POINT 幾何拘束を活用します．
座標原点に注意．

Challenge フィーチャー 1　体積を求めましょう.

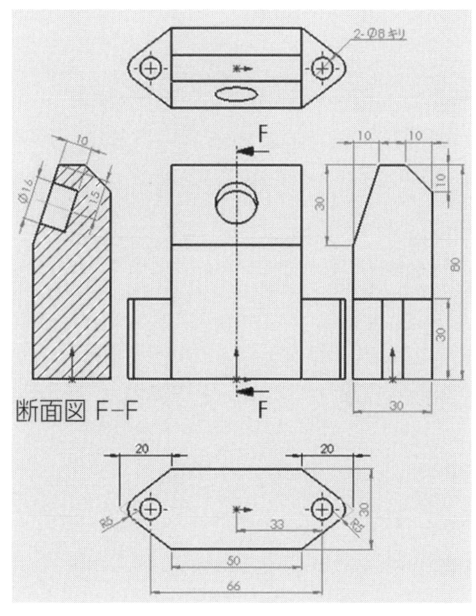

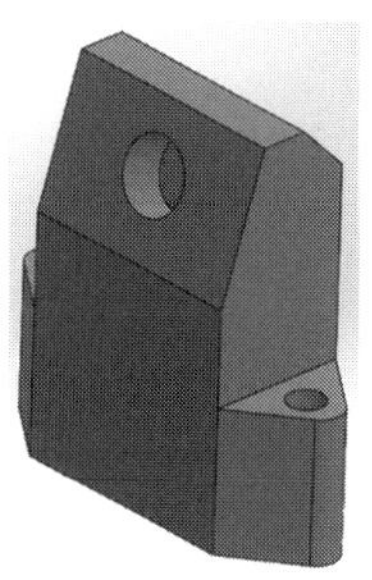

POINT

ミラーを活用します.
座標原点に注意.

体積：122364.39 mm^3

Challenge フィーチャー 2　体積を求めましょう.

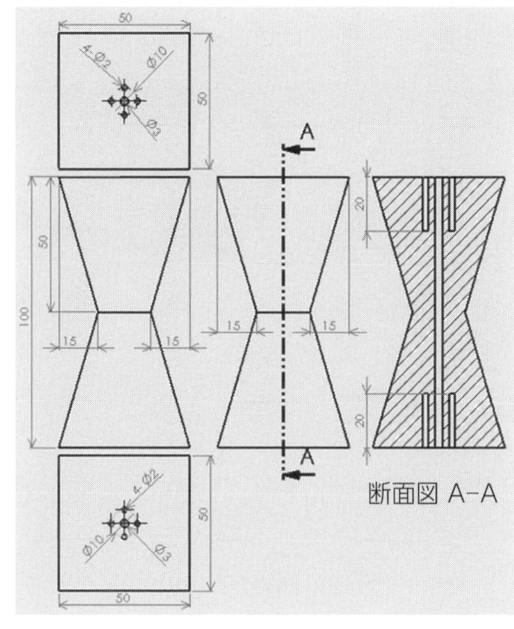

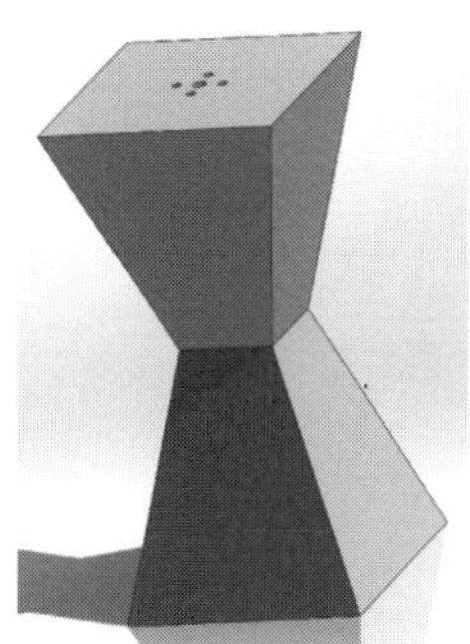

POINT

ミラーを活用します.
座標原点に注意.

体積：128790.49 mm^3

Challenge フィーチャー 3　体積を求めましょう.

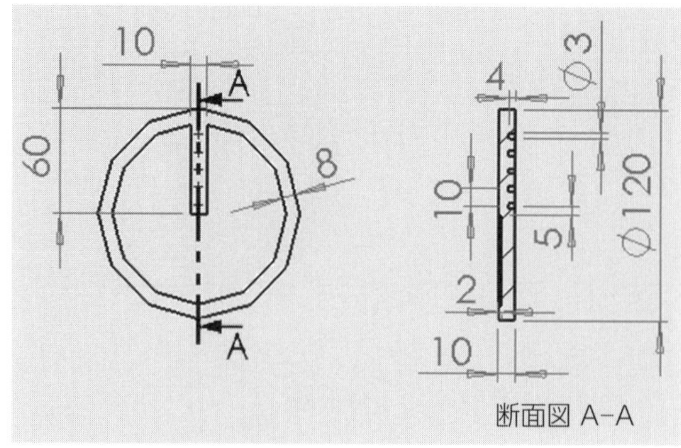

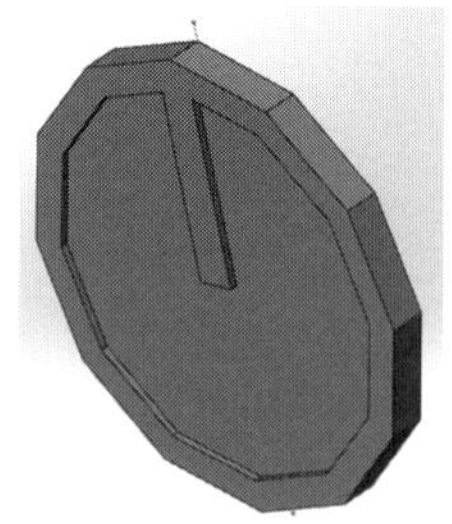

POINT
エンティティ変換・エンティティオフセットを活用します.

注　φ120 mm の円に内接する正 12 角形
穴径（φ3）はすべて共通
正 12 角形の中心と最初の穴の中心との距離が 5 mm
穴どうしの間隔は 10 mm で共通

体積：92831.21 mm^3

Challenge フィーチャー 4　体積を求めましょう.

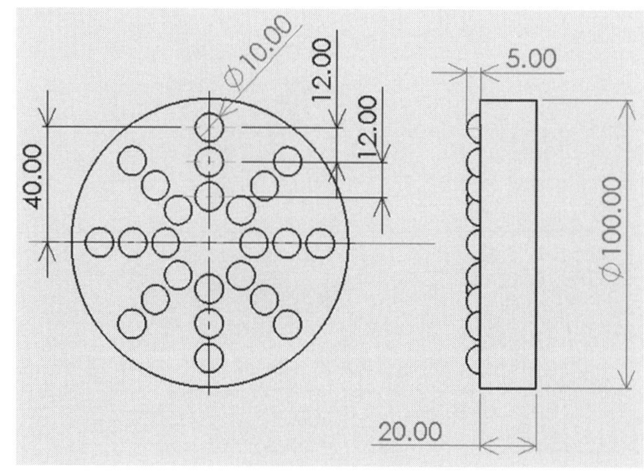

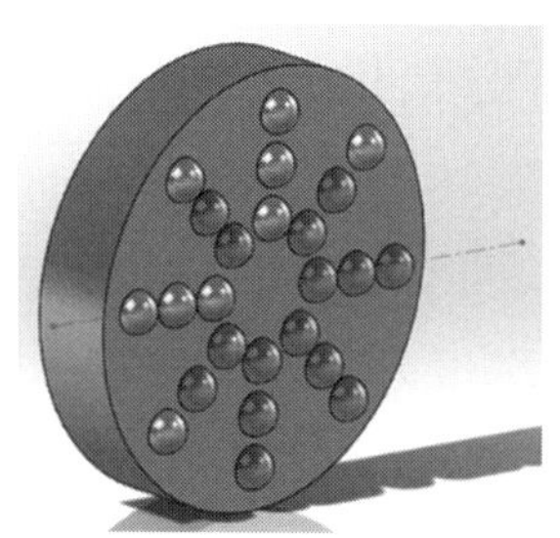

POINT
直線パターン，円形パターンを活用します.

体積：163362.82 mm^3

Challenge フィーチャー 5　体積を求めましょう．

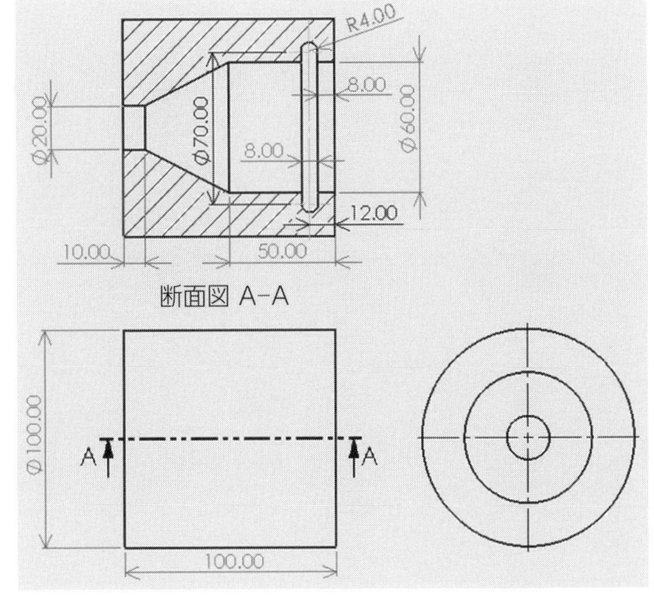

POINT
回転カットを活用します．
形状確認の際には，断面を利用しましょう．

体積：572467.43 mm^3

Challenge フィーチャー 6　体積を求めましょう．

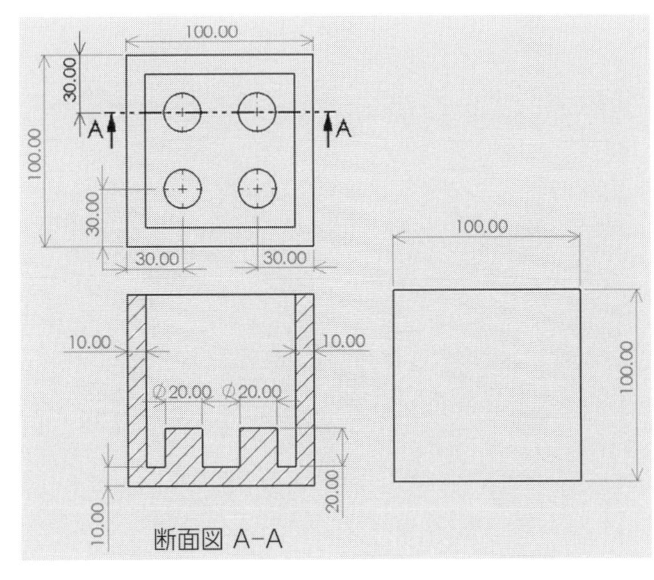

POINT
シェルを活用します．
底面の凸に注意．

体積：449132.74 mm^3

Challenge フィーチャー 7　体積を求めましょう.

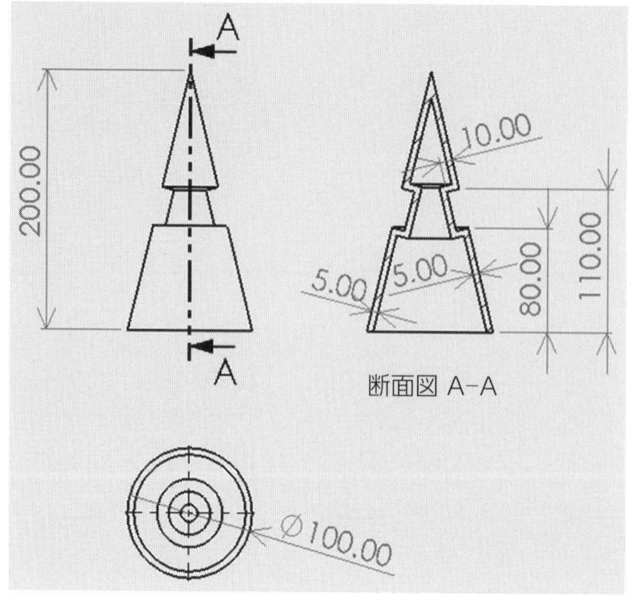

POINT
回転ボス / ベース・シェル
を活用します.

体積：146770.71 mm^3

Challenge フィーチャー 8　体積を求めましょう.

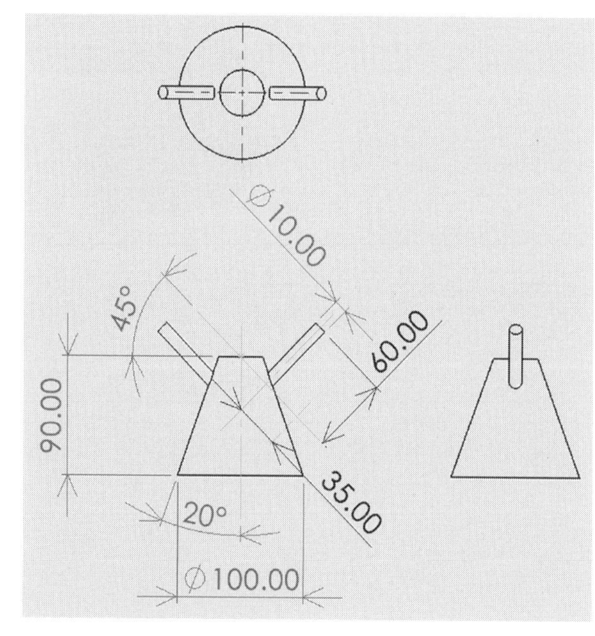

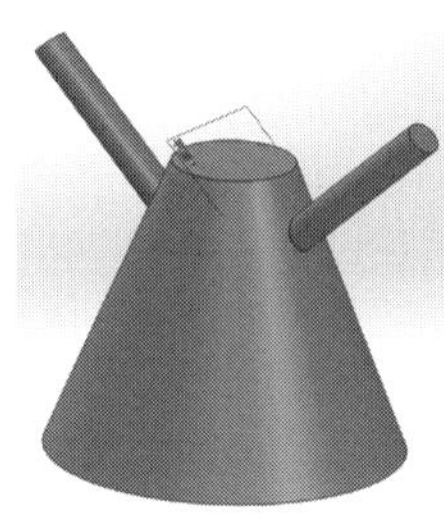

POINT
回転ボス / ベース・参照ジ
オメトリを活用します.

体積：353630.90 mm^3

Challenge フィーチャー 9　体積を求めましょう．

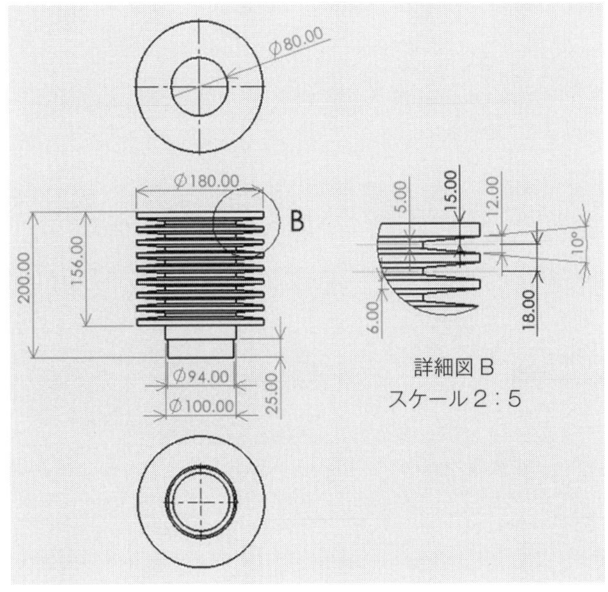

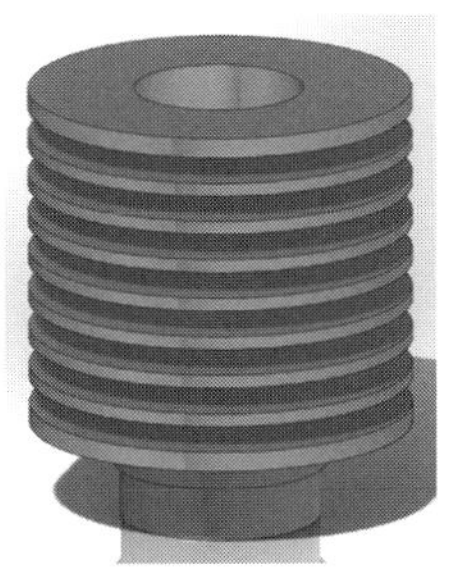

POINT
回転カット・直線パターンを活用します．

体積：2043771.12 mm^3

Challenge フィーチャー 10　体積を求めましょう．

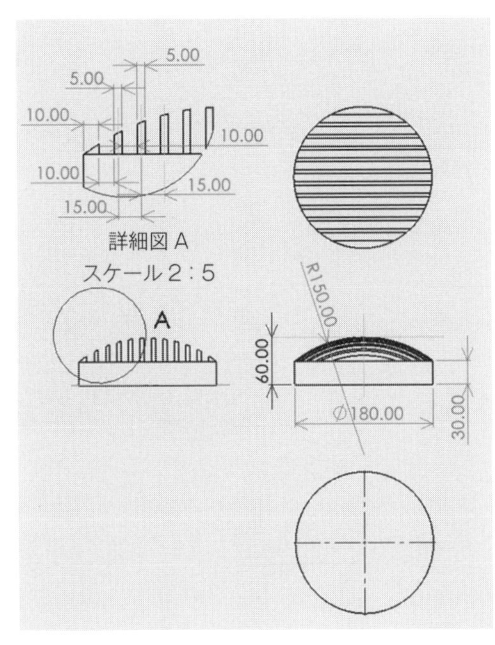

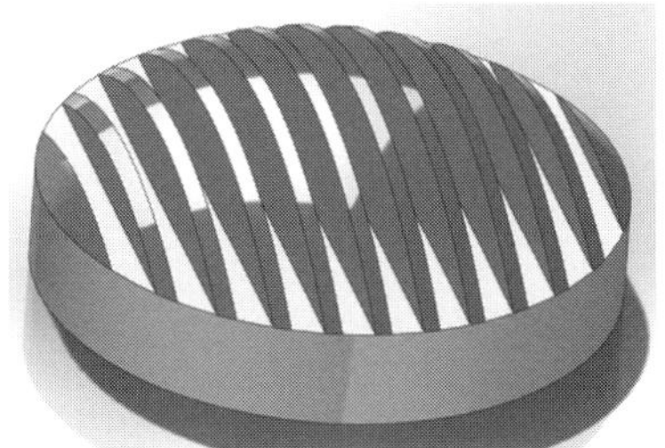

POINT
回転ボス / ベース・直線パターンを活用します．

体積：895963.70 mm^3

Challenge モデリング（CSWA 試験類題）

ステップ 1　図の部品を作成し，質量を求めましょう（小数第 2 位まで）.

単位系：MMGS（mm，g，s）

指示なき穴は全貫通のこと.

材料：アルミ合金　1060 合金

A = 100.00，B = 60.00，C = 50.00

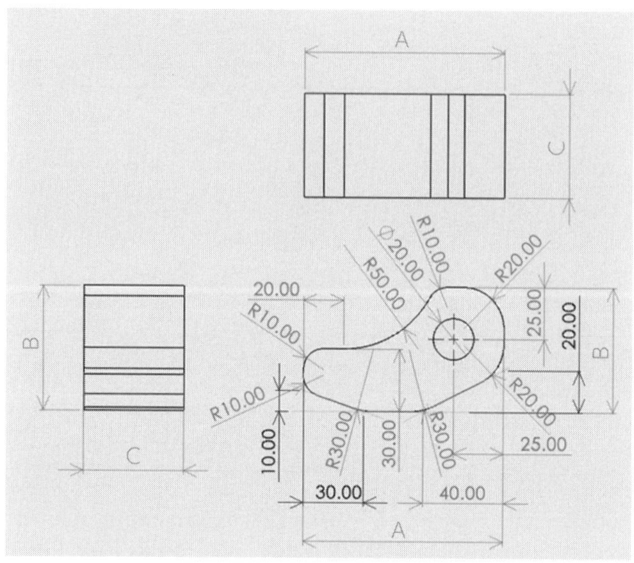

質量：457.81 g

POINT　CSWA 試験では，四つの選択肢から答えを選択します．数値の許容値は 1%以内となっているため，解答がその許容値を超える場合はモデルを再確認しましょう.

ステップ 2　部品を以下のように変更し，質量を求めましょう.

A = 120.00，B = 70.00，C = 60

これ以外はステップ 1 と同様です.

質量：827.97 g

ステップ 3　部品を以下のように変更し，質量を求めましょう．
A，B，C の値はステップ 2 と同様です．

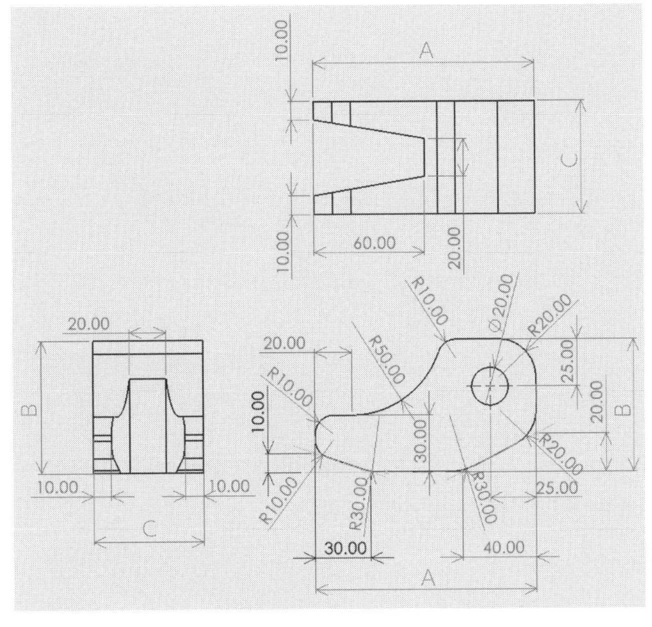

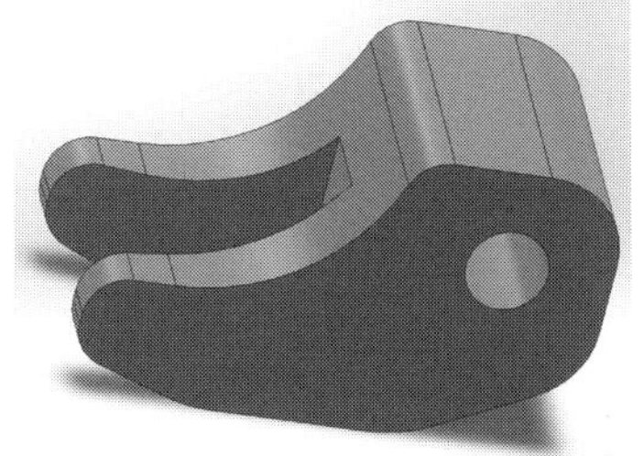

POINT　ステップ 2 の部品から，指定領域の材料を取り除きます．

質量：685.34 g

ステップ 4　部品を以下のように変更し，質量を求めましょう．表示されていない寸法はすべてステップ 3 と同様です．

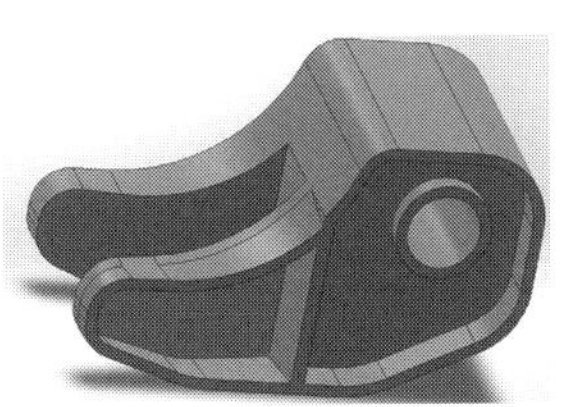

POINT　片側にポケットおよびリブを追加します．

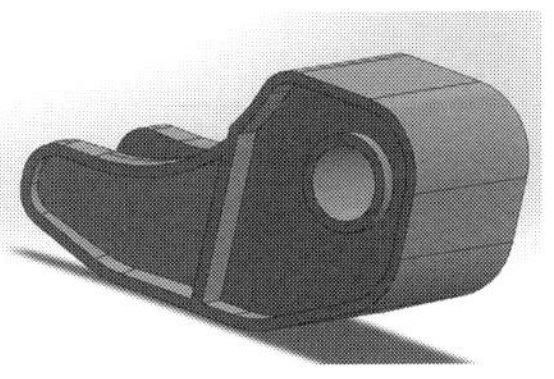

！ この部品は対称ではありません．

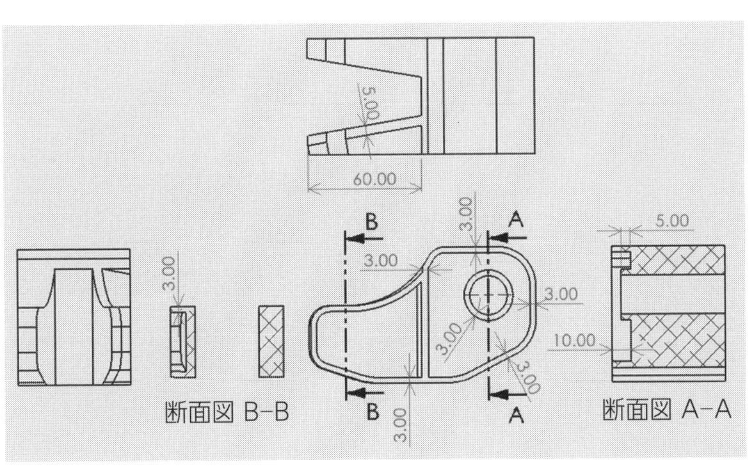

質量：577.23 g

演習問題にチャレンジ！

Challenge アセンブリ（CSWA 試験類題）

ステップ 1　図のアセンブリを作成し，距離 X を求めましょう（小数第 2 位まで）.

単位系：MMGS（mm，g，s）

アセンブリの原点：任意

角度 A = 110.00 deg

部品ファイルをダウンロードし，以下の条件でアセンブリを作成します.

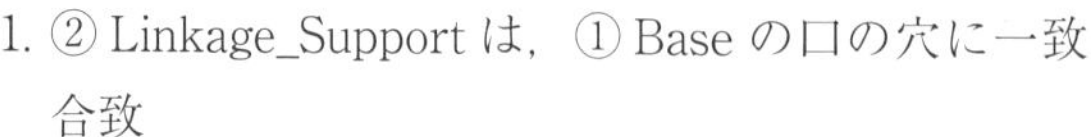

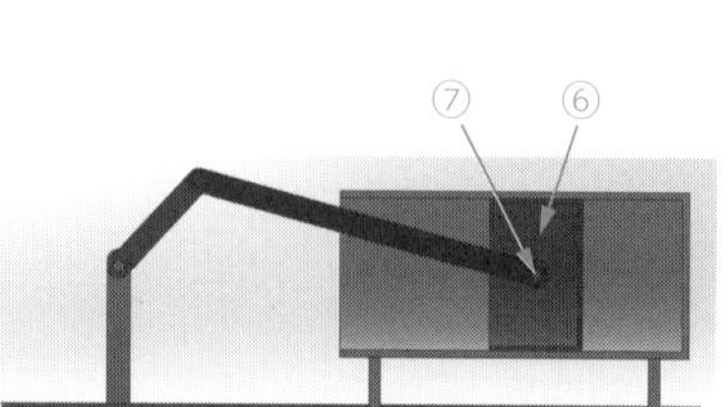

1. ② Linkage_Support は，① Base の口の穴に一致合致
2. ② Linkage_Support の裏面は，① Base の底面に一致合致
3. ② Linkage_Support 先端の円柱は，③ Short_Linkage と同心円合致，円柱の端面は③ Short_Linkage の側面と一致合致
4. ③ Short_Linkage と⑤ Linkage_Pin は同心円合致
5. ④ Long_Linkage と⑤ Linkage_Pin は同心円合致，⑤ Linkage_Pin の端面と④ Long_Linkage の側面は一致合致
6. ⑥ Piston と⑦ Piston_Pin は同心円合致
7. ⑦ Piston_Pin の端面と⑥ Piston の側面内壁は距離合致（1.5 mm）
8. ⑥ Piston と⑧ Cylinder は同心円合致
9. ⑧ Cylinder を支える 2 本の棒は，① Base の二つの穴と同心円合致，2 本の棒の底面は，① Base の底面と一致合致

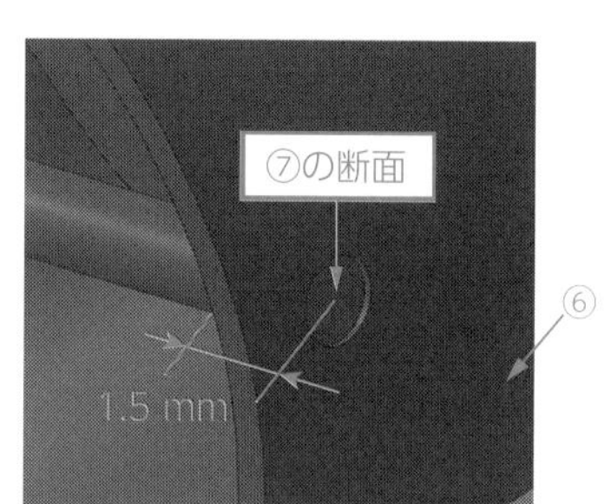

❗ 部品①の座標原点をアセンブリ原点と一致させるようにアセンブリを作成してください．ステップ 3 で重心を正確に計算するのに重要です．

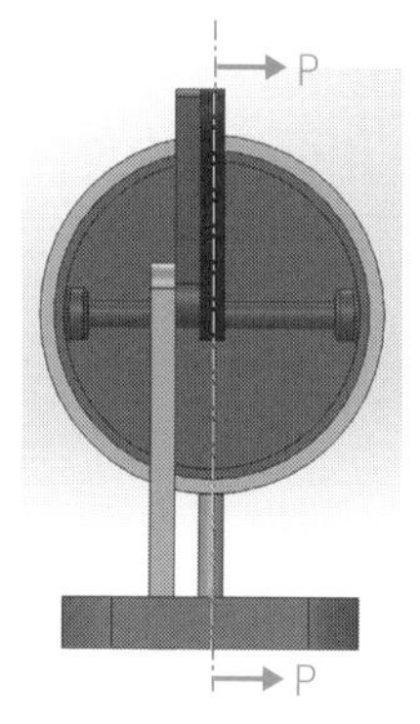

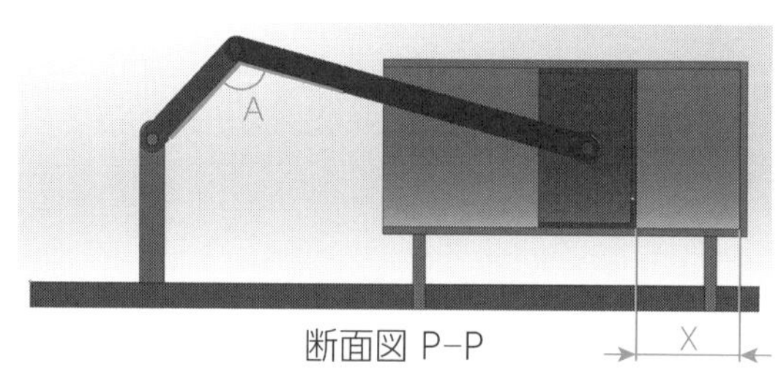

断面図 P–P

距離：35.44 mm

ステップ2　アセンブリを以下のように変更し，角度Yを求めましょう．
角度B：12.5 deg

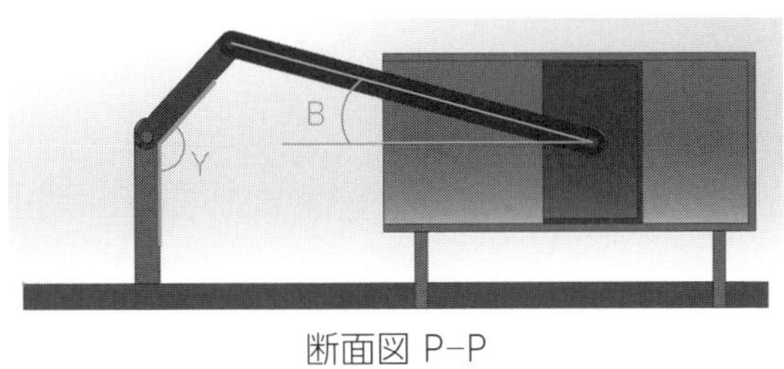

断面図 P–P

角度：126.82 deg

ステップ3　アセンブリ原点の位置を以下のように変更し，重心の座標を求めましょう．

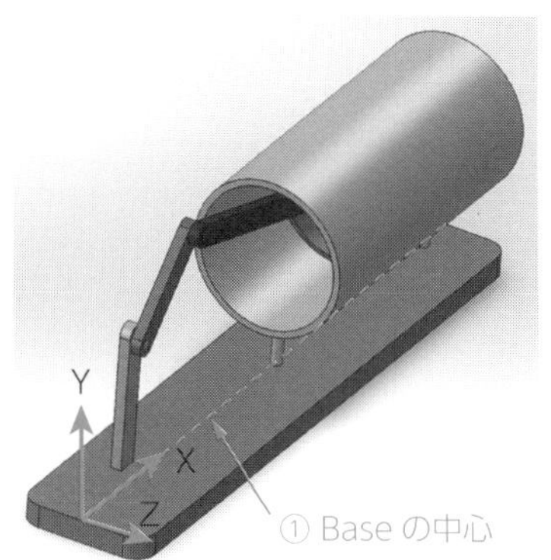

重心座標：X = 179.74 mm
Y = 20.61 mm
Z = −0.15 mm

演習問題にチャレンジ！

索　引

■ま 行

■や 行

■ら 行

監修者略歴
小原照記（おばら・てるき）
いわてデジタルエンジニア育成センター センター長
特定非営利活動法人３次元設計能力検定協会 理事
北上コンピュータ・アカデミー 非常勤講師

主な保有資格
SOLIDWORKS 最高峰認定資格 CSWE
３次元 CAD 利用技術者試験１級

著者略歴
八戸俊貴（はちのへ・としたか）
1991 年　八戸工業高等専門学校機械工学科 卒業
1992 年　岩手大学工学部機械工学第二学科 編入学
1999 年　岩手大学大学院工学研究科 博士課程 修了
1999 年　鳥羽商船高等専門学校電子機械工学科 助手
2012 年　一関工業高等専門学校制御情報工学科 准教授（高専間人事交流）
2013 年　一関工業高等専門学校機械工学科 准教授（採用）
現在に至る．博士（工学）

藤原康宣（ふじわら・やすのり）
1994 年　岩手大学工学部機械工学第二学科 卒業
1996 年　岩手大学大学院工学研究科機械工学第二専攻 修士課程 修了
1996 年　一関工業高等専門学校機械工学科 助手
2007 年　岩手大学大学院工学研究科生産開発工学専攻 博士後期課程 修了
2007 年　一関工業高等専門学校機械工学科 講師
2008 年　一関工業高等専門学校機械工学科 准教授
2017 年　一関工業高等専門学校未来創造工学科 准教授
2021 年　一関工業高等専門学校未来創造工学科機械・知能系 教授
現在に至る．博士（工学）

SOLIDWORKS アドバンストテクニック 55

2022 年９月 27 日　第１版第１刷発行
2024 年５月 10 日　第１版第２刷発行

著者　八戸俊貴・藤原康宣

編集担当　藤原祐介（森北出版）
編集責任　富井　晃（森北出版）
組版　双文社印刷
印刷　シナノ印刷
製本　同

発行者　森北博巳
発行所　森北出版株式会社
〒 102-0071　東京都千代田区富士見 1-4-11
03-3265-8342（営業・宣伝マネジメント部）
https://www.morikita.co.jp/

ISBN978-4-627-65121-0